专项职业能力考核培训教材

原料加工与配菜

人力资源社会保障部教材办公室　组织编写

主　编：陈金凤
副主编：彭　军
主　审：严惠琴

中国劳动社会保障出版社

图书在版编目(CIP)数据

原料加工与配菜 / 人力资源社会保障部教材办公室组织编写. -- 北京：中国劳动社会保障出版社，2021
专项职业能力考核培训教材
ISBN 978-7-5167-5006-3

Ⅰ.①原… Ⅱ.①人… Ⅲ.①烹饪-原料-加工-技术培训-教材 Ⅳ.①TS972.111

中国版本图书馆 CIP 数据核字（2021）第 185100 号

中国劳动社会保障出版社出版发行

（北京市惠新东街 1 号　邮政编码：100029）

*

北京市艺辉印刷有限公司印刷装订　新华书店经销
787 毫米×1092 毫米　16 开本　20 印张　295 千字
2021 年 10 月第 1 版　2021 年 10 月第 1 次印刷

定价：68.00 元

读者服务部电话：（010）64929211/84209101/64921644
营销中心电话：（010）64962347
出版社网址：http://www.class.com.cn

版权专有　　侵权必究

如有印装差错，请与本社联系调换：（010）81211666
我社将与版权执法机关配合，大力打击盗印、销售和使用盗版图书活动，敬请广大读者协助举报，经查实将给予举报者奖励。
举报电话：（010）64954652

前　言

职业技能培训是全面提升劳动者就业创业能力、促进充分就业、提高就业质量的根本举措，是适应经济发展新常态、培育经济发展新动能、推进供给侧结构性改革的内在要求，对推动大众创业万众创新、推进制造强国建设、推动经济高质量发展具有重要意义。

为了加强职业技能培训，《国务院关于推行终身职业技能培训制度的意见》（国发〔2018〕11号）、《国务院办公厅关于印发职业技能提升行动方案（2019—2021年）的通知》（国办发〔2019〕24号）提出，要深化职业技能培训体制机制改革，推进职业技能培训与评价有机衔接，建立技能人才多元评价机制，完善技能人才职业资格评价、职业技能等级认定、专项职业能力考核等多元化评价方式。

专项职业能力是可就业的最小技能单元，劳动者经过培训掌握了专项职业能力后，意味着可以胜任相应岗位的工作。专项职业能力考核是对劳动者是否掌握专项职业能力所做出的客观评价，通过考核的人员可获得专项职业能力证书。

为配合专项职业能力考核工作，人力资源社会保障部教材办公室组织有关方面的专家编写了这套专项职业能力考核培训教材。该套教材严格按照专项职业能力考核规范编写，教材内容充分反映了专项职业能力考核规范中的核心知识点与技能点，较好地体现了适用性、先进性与前瞻性。教材编写过程中，我们还专门聘请了相关行业和考核培训方面的专家参与教材的编审工作，保证了教材内容的科学性及与考核规范、题库的紧密衔接。

专项职业能力考核培训教材突出了适应职业技能培训的特色，不

但有助于读者通过考核，而且有助于读者真正掌握专项职业能力的知识与技能。

本教材在编写过程中得到上海市职业技能鉴定中心、上海市餐饮烹饪行业协会、上海黄浦区黄埔职业技能培训学校、上海新晖大酒店的大力支持，也得到李屹南、章毅春、许涛、陆宏玉、龚松的大力协助，在此一并表示衷心感谢。

教材编写是一项探索性工作，由于时间紧迫，不足之处在所难免，欢迎各使用单位及个人对教材提出宝贵意见和建议，以便教材修订时补充更正。

人力资源社会保障部教材办公室

目 录

项目1　整料出骨　001

　任务1　整料出骨基础　002
　　知识准备　002
　　知识拓展　005

　任务2　整鱼出骨　012
　　知识准备　012
　　知识拓展　013
　　操作技能　015
　　青鱼（草鱼）整鱼出骨　015
　　鳜鱼（鲈鱼）整鱼出骨　018
　　黄鱼整鱼出骨　020

　任务3　整禽出骨　023
　　知识准备　023
　　知识拓展　029
　　操作技能　030
　　整鸡出骨　030
　　整鸭出骨　033
　　整鸽出骨　036

　练习与检测　039

项目2　植物性原料精加工　042

　任务1　植物性原料精加工基础　043
　　知识准备　043
　　知识拓展　044

　任务2　叶茎类原料的精加工　052
　　知识准备　052
　　知识拓展　054
　　操作技能　056
　　卷筒形大葱段　056
　　扇形茭白块　058
　　兰花形香葱段　060
　　兰花形土豆块　062
　　兰花形竹笋片　064

　任务3　果菜类原料的精加工　066
　　知识准备　066
　　知识拓展　068
　　操作技能　069

/ 001

佛手形黄瓜块	069	蓑衣形肚花	111
蓑衣形黄瓜块	071	兰花形肚花	113
扇形南瓜块	073	荔枝形猪里脊块	115
游龙形丝瓜段	075	鱼鳃形牛柳片	118
卷筒形茄子段	077		

练习与检测　080

项目 3　动物性原料精加工　083

任务 1　动物性原料精加工基础　084
知识准备　084

任务 2　家禽类原料的精加工　086
知识准备　086
知识拓展　087
操作技能　089
鱼鳃形鹅肫片　089
菊花形鸭肫块　091
荔枝形鸡肫块　093
荔枝形鸡花　095
核桃形鸽花　097

任务 3　家畜类原料的精加工　099
知识准备　099
知识拓展　106
操作技能　108
麦穗形腰花　108

任务 4　水产品类原料的精加工　120
知识准备　120
知识拓展　122
操作技能　125
菊花形青鱼块　125
花枝形墨鱼片　128
鱼鳃形鱿鱼片　130
卷筒形鱿鱼块　132
核桃形鲍鱼　134

练习与检测　137

项目 4　全鱼精加工　140

任务 1　全鱼精加工基础　141
知识准备　141
知识拓展　143

任务 2　江河鱼的全鱼精加工　145
知识准备　145
知识拓展　146
操作技能　148
牡丹形鲈鱼（正瓣与斜瓣）　148
葡萄形青鱼　151

松鼠形鳜鱼	153	莲花形白萝卜片	193
盘龙形河鳗（正环形与斜环形）	156	绿萝形黄瓜块	196
		菊花形（绣球形）白萝卜片	198
多菱形鳊鱼	159		
麒麟形鳜鱼	161	**任务3　动物形大刀花**	201
人字形黄鳝	163	知识准备	201
		知识拓展	202
任务3　海鱼的全鱼精加工	166	操作技能	203
知识准备	166	蝴蝶形胡萝卜片	203
知识拓展	167	飞蝶形胡萝卜片	206
操作技能	168	鸽子形白萝卜片	208
松鼠形大黄鱼	168	兔子形白萝卜片	210
多菱形鲳鱼	171	金鱼形胡萝卜片	212
柳叶形鲳鱼	173	飞燕形心里美萝卜片	214
		松鼠形胡萝卜片	216
练习与检测	175		
		练习与检测	219
项目5　植物性原料美化（大刀花）	178	**项目6　原料上浆**	221
任务1　植物性原料美化（大刀花）基础	179	**任务1　原料上浆基础**	222
知识准备	179	知识准备	222
知识拓展	181	知识拓展	226
任务2　植物形大刀花	185	**任务2　蛋白浆**	227
知识准备	185	知识准备	227
知识拓展	186	操作技能	228
操作技能	189	浆鸡丝	228
柳叶形莴笋片	189	浆鳜鱼米	230
梅花形胡萝卜片	191	浆墨鱼片	232

任务 3　全蛋浆	235	八宝葫芦鸭	268
知识准备	235	芙蓉蟹斗	271
知识拓展	236	白玉虾蟹盒	273
操作技能	237	百花酿海参	276
浆鸡花	237	春意竹荪	278
浆鸽丝	239		
浆猪里脊米	241	任务 3　"卷"制法配花式菜	281
		知识准备	281
任务 4　苏打浆	244	操作技能	282
知识准备	244	三丝鳜鱼卷	282
知识拓展	246	兰花竹笋卷	284
操作技能	247	翡翠白玉卷	287
浆牛柳片	247	菌菇鲈鱼卷	289
浆牛肉粒	249	黄金豆酥卷	291
浆明虾球	251		
		任务 4　"包"制法配花式菜	294
练习与检测	254	知识准备	294
		操作技能	295
项目 7　配花式菜	257	荷叶粉蒸肉	295
任务 1　配花式菜基础	258	千张五福袋	298
知识准备	258	佛门素响铃	301
知识拓展	265	脆皮沙律虾	303
		里脊凤尾饺	306
任务 2　"酿"制法配花式菜	267		
知识准备	267	练习与检测	309
操作技能	268		

项目1　整料出骨

任务导入

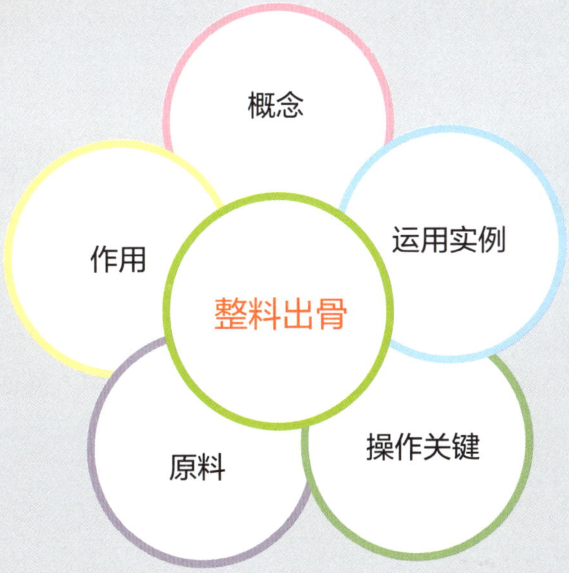

- 概念
- 作用
- 原料
- 运用实例
- 操作关键

整料出骨

整鱼出骨
青鱼（草鱼）整鱼出骨
鳜鱼（鲈鱼）整鱼出骨
黄鱼整鱼出骨

整禽出骨
整鸡出骨
整鸭出骨
整鸽出骨

 原料加工与配菜

任务 1 整料出骨基础

 任务目标

1. 能描述整料出骨的概念和作用
2. 能描述整料出骨的工具要求
3. 能选择适用于整料出骨的原料
4. 能描述整料出骨的操作关键
5. 能描述整料出骨的运用实例

 知识准备

一、整料出骨的概念和作用

1. 概念

整料出骨是指将整条鱼或整只家禽除去主要骨骼后,仍然保持原料原有完整形态的一种加工方法。

2. 作用

(1) 使原料易于成熟、入味。加速热量循环,便于调料渗透,缩短烹调时间。

(2) 使原料形态美观。鱼类和家禽经过整料出骨处理后,便于根据菜肴的需要进行造型。

(3) 便于食用,营养丰富。家禽在去掉主要骨骼的空隙处可以填入其他原料,使营养成分互补。

二、整料出骨的工具要求

一般整料出骨使用文武刀或一字形条刀。文武刀后文有介绍;一字形条刀的特点是刀长约 250 mm、宽约 20 mm,其刀刃相对锋利,整料出骨时可避免刺破皮肤。

整料出骨时所用砧板(墩)应平整,目的是保持操作者身体平衡,防止原料滑动,降低摩擦系数。

三、整料出骨原料的选择

1. 烹饪原料的概念

烹饪原料是指符合饮食要求，无毒无害，能满足人体的营养需求，具有良好的感官性状，并能通过烹饪手段制作成各种菜肴的可食性原料。

2. 烹饪原料的分类方法

烹饪原料种类繁多，按不同分类原则可有多种分类方法。烹饪原料的分类方法见表1-1。

表1-1 烹饪原料的分类方法

分类方法	烹饪原料的种类
按自然属性分类	动物性原料、植物性原料、矿物性原料、人工合成原料
按资源分类	农产品原料、畜产品原料、水产品原料、林产品原料
按加工情况分类	鲜活原料、冷冻原料、冷藏（冷却）原料、脱水原料、腌制原料
按在菜肴中的用途（地位）分类	主料、辅料、调料、装饰料
按商品学种类分类	粮食类原料、蔬菜类原料、水产品类原料、畜肉类原料、禽肉类原料、乳品类原料、蛋品类原料、调料类原料
按营养素构成分类	热量食品原料（碳水化合物和脂肪——黄色食品）、构成食品原料（蛋白质——红色食品）、保全食品原料（维生素、无机盐——绿色食品）
其他分类方法	绿色食品、有机天然食品、转基因食品等

3. 合理选择烹饪原料的重要性

（1）合理选择烹饪原料是保证菜肴质量的重要条件，有助于形成菜肴的风味特色。

（2）合理选择烹饪原料可使其得到充分、合理的应用，有助于有效发挥烹饪原料的使用价值。

（3）合理选择烹饪原料可以满足人体的营养和卫生要求，避免伪劣原料混入

膳食。

（4）合理选择烹饪原料是合理进行成本控制、减少浪费的良好途径。

4. 整料出骨原料的选择注意事项

动物性原料是指动物界中可被人们作为烹饪原料应用的一部分原料及其制品的总称。用于整料出骨的动物性原料主要包括：家禽类如体型适中的鸡、鸭、鹅、鸽等和肌肉组织紧实的整条鱼，江河鱼类如青鱼、草鱼、鳜鱼、鲈鱼等，海鱼类如黄鱼、鲳鱼、鳗鱼、鮸鱼等。选择整料出骨原料时要注意以下几点。

（1）注意质量。鱼类和家禽必须鲜活，无变质或腐败现象。

（2）注意品种。根据不同季节选择肉质肥美的鱼类，除任何季节的青鱼外，还可选择春季的刀鱼和鲴鱼、夏季的黄鱼和白鱼、秋季的鳜鱼和鲑鱼、冬季的鲢鱼和鲈鱼。家禽要选择隔年的老母鸡和老鸭。

（3）注意重量。鸡和鸭的重量在 1 000～1 500 g，鸽子的重量在 400～500 g，江河鱼类的重量在 500～1 250 g，海鱼类的重量在 500～700 g。

四、整料出骨的操作关键

1. 选料

选择的原料要符合整料出骨的要求。同时，要了解鱼类和家禽的结构，领会"庖丁解牛，游刃有余"的意境。

2. 初步加工

宰杀鱼类和家禽时要放尽血液，保持原料外形完整，符合整料出骨要求。

3. 出骨顺序

要熟悉整料出骨的工艺要求，注意出骨顺序。

4. 下刀位置

下刀位置准确，不划伤原料外皮。

5. 执刀技巧

执刀要做到准、稳、匀、平。其中，平是指进刀要平，即刀身不能左右倾斜，也不能前高后低或后高前低。

五、整料出骨的运用实例

1. 整鱼出骨的运用实例

鱼类去除了主要骨骼,既可以加工成丝、片、条、丁等形状,制成形状多样的菜肴;又可以根据需要进行美化刀工处理,加工成各种花刀块。

2. 整禽出骨的运用实例

整禽去除了主要骨骼,可以根据需要在腹中加入糯米、薏米、莲心、芡实、火腿、香菇、干贝、青豆等,烹制成造型别致的菜肴,如葫芦鸽、八宝葫芦鸭等。

 知识拓展

一、刀工简介

刀工精细是中国菜肴的主要特点之一。厨师运用简单的刀具,不仅能将原料加工成粗细均匀、厚薄一致、长短相等、整齐划一的块、片、条、丝、丁、粒、米、末等基本形状,还能通过美化刀工技术,将原料加工成栩栩如生的艺术造型。

1. 刀工技术的发展

刀工技术起源于商朝,当时铸造的铜刀刃部相当锋利,已经可以随意切割原料,于是,就产生了最原始的刀工形态——粗、厚、大的块状,菜肴的形状开始逐渐多样化。

刀工技术形成于春秋战国时期。孔子率先提出"割不正,不食",意指若原料形状切得不整齐,那么就不食用这道菜。

刀工技术在唐宋时期已经趋于成熟,可以切出薄如纸的片、细如线的丝。

2. 刀工的概念

刀工是指根据烹调和食用的要求,运用各种不同的刀法,将原料加工成一定形状的操作过程。刀工具有技术性、艺术性和工艺性的特点。刀工的核心要素是姿势要正确,动作要规范,刀法要熟练。

原料形状各异,除一小部分因体型较小或自身形状比较完整,如虾仁、青豆、花生、腰果、鲜贝、木耳、草菇、发菜、豆苗等,可以保持原有自然形态,其他原料在烹饪前都必须进行刀工处理,以具有一定的形状,便于烹调和食用。但为了制作精细的花式菜肴，有时还会将小型的自然形原料进行再加工，制成虾茸、花生末等。

3. 刀工的作用

（1）便于烹调。经过刀工处理而得到的丝、条、段等都必须粗细均匀、长短相等，因为整齐的形状可以保证原料在烹制过程中受热均匀，成熟速度一致。

如果将大块、整只或质地较硬的原料直接烹制，则往往不易掌控火候和时间。但如果将原料加工成大小相等、厚薄一致的整齐形状，就容易掌控火候和时间了。

（2）便于入味。在烹制菜肴时，如果将整料直接烹制，则加入的调料大多停留在原料表面，不易渗透到其内部去，形成外浓内淡的缺陷。但如果在烹制前先将整料切成零料，或在整料表面剞出刀纹，就可以帮助调料迅速渗透到原料内部，保证烹制后的菜肴内外口味一致。

（3）便于食用。大块或整条、整只原料如猪腿、牛腱、青鱼、鸡、鸭、鹅等，除因菜肴的造型需要或加工工艺需要，可在烹制后再进行刀工处理，绝大多数情况都是在烹制前就要进行刀工处理的，因为如果不进行刀工处理直接烹制，会给食客带来诸多不便。根据菜肴的制作要求将原料加工成形，再进行烹制，便于食客取食和咀嚼，如红烧鸡块要比煮汤的整鸡食用方便。

（4）提升美感。刀工对菜肴的形状和外观起着决定性作用，可以改变原料的形状，使菜肴形状整齐美观、相互协调。

韧中带脆的动物性原料如鱿鱼、墨鱼、猪肚、猪腰、牛肚、鸭肫等，质地较软且厚实的原料如豆腐干、丝瓜、茄子、南瓜、茭白等，运用美化刀工技术，先剞出花刀纹，再切成块状，经过加热原料就会卷曲成各种美观的形状，更具艺术性。

4. 刀工的基本要求

（1）刀工处理后的原料必须规格一致，同一菜肴中各种原料的形状应协调且符合烹饪工艺美学要求，如粗细厚薄应均匀，长短应相等。原料粗细厚薄不均匀对烹调的影响如下：细的、薄的先熟，粗的、厚的后熟，当粗的、厚的熟了，细的、薄的就老了或焦了，导致菜肴生熟不均、口感变差。

（2）对原料进行刀工处理时，要注意菜肴所用的烹调方法，应合理使用原料以适应烹调需要。例如，炒、爆等烹调方法都采用急火，操作迅速，时间短，原料要求处理得薄或细一些。

（3）用来制作菜肴的原料种类繁多，除了形状千差万别，质地也各有差异，有韧和脆、老和嫩、硬和软、松和紧之分，应熟悉原料质地，刀工因料而异。

例如，鸡肉属于韧性原料，烹制时间较短，要求入口滑嫩，在进行刀工处理时，形状以薄和小的片形为主；而鱼肉质地松软、韧性较差、入口易碎，同样是片形，却要求厚一些和大一些，以防止加热时碎烂。

5. 刀工的操作姿势要求

刀工是一项技术性高、劳动强度大的手工操作技能。操作姿势正确与否不仅关系到操作者的身体健康和人身安全，还关系到劳动强度和工作效率，所以在进行刀工操作时，操作者应保持既便于操作又能减轻疲劳的正确姿势。

（1）砧板（墩）要稳定可靠放置，其位置要适合操作者的身高，操作者腹部与工作台可保持一个拳头的距离。

（2）两脚要呈八字，自然站稳，上身略向前倾，前胸稍挺，不要弯腰弓背，眼睛注视砧板（墩）上双手操作的部位。

（3）左右手的动作要协调，左手控制刀的推进速度，使原料平稳、不滑动；右手大拇指与食指捏住刀箍，手掌握好刀柄，控制下刀的角度、方向和力度。

二、刀具和砧板（墩）

1. 刀具

（1）刀具的种类

1）按形状分类。刀具按形状可分为方头刀、圆头刀、马头刀等。方头刀主要用于四川菜、广东菜等的刀工处理，圆头刀主要用于江苏菜、浙江菜、上海菜等的刀工处理，马头刀主要用于北京菜、山东菜等的刀工处理。

2）按用途分类。刀具按用途可分为片刀、前片后斩刀（文武刀）、斩刀等，具体见表1-2。

表 1-2　刀具按用途分类

种类	运用	图示
片刀	主要用于切或批（又称片）无骨的嫩性、软性、韧性和脆性原料	方头片刀
前片后斩刀（文武刀）	其特点是前端可切、可批无骨原料，而后端可用于斩质地较硬或略带小骨、软骨的原料	圆头前片后斩刀
斩刀	用于加工质硬或带硬骨的原料	马头斩刀

（2）刀具的规格（见图 1-1）。刀具的规格包括总长、刀刃长、刀高、刀柄长。

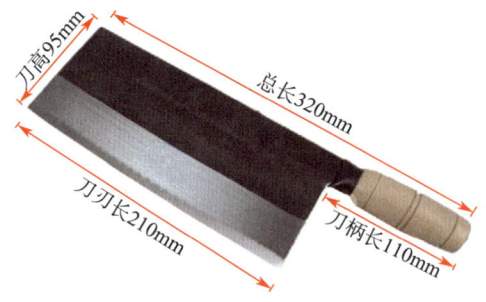

图 1-1　刀具的规格

（3）刀具的要求。刀具应保证无臭、无味、无毒，不给食物带来污染和损害。

刀具除了要达到规定的强度、刚度、硬度要求，还必须具有抗腐蚀性、化学稳定性、耐磨性和通用性。

刀具应符合烹饪原料初步加工和精细加工的需要，设计时应注重标准化、通用化和多功能化的要求。

（4）刀具的保养方法。要让刀具发挥应有的作用，既离不开正确使用，也需要精心保养。刀具的保养方法主要是清洗干净，自然晾干，在刀身上抹油防锈，放入刀架内存放。

（5）磨刀方法。磨刀方法具体如下：磨刀前先准备好刀具、磨刀石、抹布、水盆，让磨刀石吸足水；在磨刀石底下垫上抹布，可将其置于胸腹部前 200 mm 处；磨刀时，一只手握刀柄，另一只手扶刀背，先将刀具的刃部横放在磨刀石上，再将刀背提起约 10 mm 的高度（刀背对着操作者），然后向左前方 45° 前推后拉磨 50 下，再向右前方 45° 前推后拉磨 50 下；翻转刀身，重复 3~5 次，应不时地向刀身上洒水增加"砂浆"，利用"砂浆"达到刀身光亮和刀刃锋利的目的。注意，刀具要经常磨，磨刀时要做到"磨中间带两头"，且刀具不能磨出磨刀石（防止手指夹在刀背和磨刀石之间造成刀伤事故）。刀刃锋利的标志是将刀刃轻刮在手指上有涩感。

2. 砧板（墩）

（1）砧板（墩）的种类。砧板（墩）是厨房常用的切菜工具，常用的砧板（墩）有圆形和长方形的，一般将厚度较小的称为砧板，将厚度较大的称为砧墩。砧板（墩）按材质可分为木质、塑料、竹质等。砧板如图 1-2 所示，砧墩如图 1-3 所示。

a) b)

图 1-2 砧板
a）木质砧板　b）塑料砧板

　　　　　a）　　　　　　　　　　　　　b）

图1-3　砧墩

a）木质砧墩　b）塑料砧墩

（2）砧板（墩）的特点和制作要求

1）木质砧板（墩）。制作木质砧板（墩）时应选用外皮完整、不空不烂、无疤、色淡、无花斑的木材，最好的木材是银杏木，其次是铁木、榆木、柳木和杉木。

2）塑料砧板（墩）。塑料砧板（墩）多由PE（聚乙烯）材质制成，相比由竹或木等天然材质制成的砧板（墩）更加环保，具有便于清洁、抗菌能力强、耐磨、使用年限长、质轻、价廉等特点。塑料砧板（墩）必须安全、无毒、无异味，制作精良。

（3）砧板（墩）的使用保养方法

1）木质砧板（墩）

①每次使用后，要用刀具轻轻地满刮木质砧板（墩）表面，避免其凹凸不平而影响下一次的刀工操作，并用清水冲洗干净，竖放，将其自然晾干。注意，木质砧板（墩）不宜在烈日下暴晒，以免开裂。

②为使新的木质砧板（墩）致密，同时有效防止虫蛀及腐烂，可先用高浓度盐溶液浸泡，再用沸水煮透。

③不要总在一个部位长时间切、剁，要均匀使用，保持木质砧板（墩）的平整。禁止在木质砧板（墩）上用力砍、剁，避免其损坏。

④冷菜间专用木质砧板（墩）使用后也应消毒、洗净、晾干，同样用干净的布罩上防止污染。

2）塑料砧板（墩）

①每次使用后，要先用刀具轻轻地刮除塑料砧板（墩）表面的原料残留物，保持平整、光滑，之后要用刷子刷洗塑料砧板（墩）的表面，并用清水冲洗干净，竖放，将其自然晾干。

②不要在塑料砧板（墩）上加工脂肪含量高的原料，因为这类原料会使塑料砧板（墩）表面变得黏滑，不易清洁而导致细菌滋生。

③不要在塑料砧板（墩）上加工热的原料，以防止其遇热变形。

④冷菜间专用塑料砧板（墩）使用后应消毒、洗净、晾干，并用干净的布罩上防止污染。

/ 原料加工与配菜

任务 2 整鱼出骨

任务目标

1. 能描述鱼的结构
2. 能描述鱼的性质和品种
3. 能描述整鱼出骨的概念和工艺流程
4. 能描述整鱼出骨的操作关键
5. 能进行整鱼出骨的操作

知识准备

一、鱼的结构

鱼体由鱼头、鱼尾、鱼躯干、胸鳍、背鳍、腹鳍、臀鳍、尾鳍等部位组成，如图 1-4 所示。

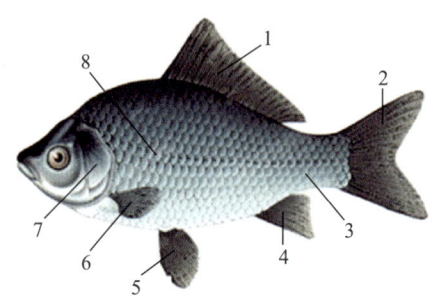

图 1-4　鱼的结构

1—背鳍　2—尾鳍　3—鱼尾　4—臀鳍　5—腹鳍　6—胸鳍　7—鱼头　8—鱼躯干

二、鱼的性质和品种

鱼根据其生活环境可分为江河鱼类和海鱼类。

1. 江河鱼类的性质和品种

（1）性质。江河鱼类又称淡水鱼类，其肉质鲜美、细嫩，但刺多，属于高蛋白质、低脂肪、低胆固醇的原料，食用后对人的心血管系统有保护作用。其脑髓富含磷脂及改善记忆力的垂体后叶素，常食能暖胃、益智、助消化。

（2）品种。江河鱼类是鱼类菜肴的常用原料，市场上销售的江河鱼类主要是人工养殖的。常见品种有青鱼、草鱼、鲢鱼、鳊鱼、鲴鱼、鲤鱼、鲥鱼、鳜鱼、鲫鱼、鳢鱼、河鳗、大马哈鱼、黄颡鱼（昂刺鱼）、鲟鱼、银鱼等。

2. 海鱼类的性质和品种

（1）性质。海鱼类又称海水鱼类，其肉质鲜美，富含蛋白质、脂肪、糖类、无机盐、维生素等人类必需的营养物质，且蛋白质和脂肪都比其他动物性肉类易于被人体消化吸收。

海鱼类全身都是宝，鱼肉可以用来加工罐头食品，鱼肝可以用来提取鱼肝油，鱼鳞和鱼骨可以用来加工明胶。

（2）品种。常见品种有大黄鱼、小黄鱼、金枪鱼、刀鱼、鳐鱼、鲨鱼、鲷鱼、石斑鱼、鲻鱼、鲳鱼、海鲈鱼、鮸鱼、海鳗、鳕鱼等。

三、整鱼出骨的概念和工艺流程

整鱼出骨是指根据鱼的结构特征，运用各种行刀技巧，去除鱼的全部骨骼，取出完整鱼肉的加工方法。

整鱼出骨的工艺流程具体如下：初步加工—劈下鱼头—出脊椎骨—出肋骨—清洁整理。

四、整鱼出骨的操作关键

1. 选择适合整鱼出骨的原料。

2. 在初步加工时，不可碰破鱼皮。

3. 除了青鱼和草鱼，其他鱼类不可采用腹部开口的方法。

4. 进行整鱼出骨时，刀刃要紧贴骨骼。

5. 骨肉要分离，减少损耗。

知识拓展

一、鱼的质量检验方法

原料的质量检验方法分为感官检验法和理化检验法。

感官检验法是指人通过视觉器官眼睛、嗅觉器官鼻子、听觉器官耳朵、味觉器官舌头以及双手来检验原料质量的方法。通过感官检验法可以鉴定原料的包装、外形、色泽、气味、滋味、硬度、声音等方面的情况。

理化检验法是指专业机构采用各种化学试剂及专用的仪器和器械来检验原料质量的方法。相比于感官检验法，理化检验法的检验结果更加准确。很多原料都是要经过理化检验合格后才能供应市场的。

一般根据鱼鳞、鱼鳃、鱼眼的状态，鱼肉的弹性和松紧状态，鱼皮和鱼鳃分泌的黏液量以及黏液的状态和气味来检验鱼类质量，必要时可以在鱼身上横切一刀，通过横切面的色泽和肌肉的弹性来判断质量的好坏。

1. 江河鱼类的质量检验

（1）活鱼检验。品质好的江河活鱼活泼好动，对外界刺激有快速、敏锐的反应，鱼体表皮完好，鱼鳞紧实、光亮、无破损，各部位如口、眼、鳃、鳍等无残缺、无病害。

（2）鲜鱼检验。品质好的江河鲜鱼有如下特点：鱼鳃呈粉红色或红色，鳃盖紧闭，黏液少而透明，没有异味或臭味；鱼眼饱满略有凸出，眼球澄清而透明，周围没有充血和发红现象；体表黏液少、干净，鱼鳞紧密、完整且有光泽；肌肉组织紧密且富有弹性，用手按压，凹陷处能迅速恢复；肋骨与脊椎骨结实；肛门呈圆坑形且紧致发白，内脏不腐烂，鱼腹不膨胀。

（3）冻鱼检验。品质好的江河冻鱼鱼体硬实，用硬物敲击能发出清晰的响声，解冻后与鲜鱼品质类同。

2. 海鱼类的质量检验

（1）活鱼检验。品质好的海洋活鱼生性好动，对外界的刺激反应较快并很快远离，鱼体表皮完好，鱼鳞紧实、光亮、无破损，各部位完好，无残缺、无病害。

（2）鲜鱼检验。品质好的海洋鲜鱼有如下特点：鱼鳃呈鲜红色或红色，鳃盖紧闭，黏液少，有浓郁的海腥味，没有异味或臭味；鱼眼饱满略有凸出，眼球澄清不混浊，周围没有充血和发红现象；体表黏液少、干净，鱼鳞紧密、无脱落且有光泽；肌肉组织紧密且富有弹性，用手按压，凹陷处能迅速恢复；肋骨与脊椎骨结实；肛门周围无内脏外露，鱼腹不膨胀。

（3）冻鱼检验。品质好的海洋冻鱼鱼体硬实、完整，用硬物敲击能发出清晰的响声，解冻后与鲜鱼品质类同。

二、水产品的保管方法

1. 鱼的保管方法

（1）活养法。将活鱼放在水盆内，水量在八成以上，水温控制在 22～24 ℃，注意勤换水，保持水盆干净，切忌掉入酸性、碱性物质以及油脂、烟灰等杂质。

（2）冷藏法。刚死的鲜鱼很快变质，应立即开肚取出内脏洗净，并冷藏保管。除了将鱼放入冰箱冷藏保管，还可以将鱼放在保温容器内冷藏保管，即先在保温容器内放入碎冰块，然后将鱼整齐地放在碎冰块上，再铺上一层碎冰块，最后加盖密封。用此方法也能暂时保持鱼的鲜度，防止其很快变质。

2. 其他水产品的保管方法

（1）淡水虾的保管。淡水虾容易死亡，不宜静养。为了防止淡水虾消瘦或虾体破损，应将淡水虾放在加盖的塑料盒中，并加入适量的水，再放入冰箱冷藏保管。

（2）河蟹的保管。河蟹容易死亡，不宜静养。为了防止河蟹消瘦，应用绳将其捆好以限制其活动，并将河蟹紧密地摆放在加盖的塑料盒中，再放入冰箱冷藏保管。

 操作技能

青鱼（草鱼）整鱼出骨

操作准备

工具准备

（1）文武刀 1 把（建议用 2 号文武刀）。

（2）塑料砧板 1 个（建议长 600 mm，宽 400 mm，厚 30 mm）。

（3）不锈钢长方盘 1 个（建议长 400 mm，宽 300 mm）。

原料准备

重约 1 250 g 的青鱼（草鱼）1 条。

操作步骤

步骤1 初步加工、劈下鱼头。将青鱼(草鱼)头部朝左(对操作者来说,余同),横放在砧板上,左手按住青鱼(草鱼)的头部,按从尾部到头部的顺序用刀刮去鱼鳞,然后用右手大拇指翻开鳃盖,并配合右手食指将鱼鳃挖出;用刀从青鱼(草鱼)的口部开始,沿腹部中央至肛门处剖开鱼腹,取出内脏,用刀刮去腹部的黑膜,用清水反复冲洗干净;将青鱼(草鱼)头部朝左、背部朝里、腹部朝外平放在砧板上,右手执刀,沿胸鳍后端垂直劈下青鱼(草鱼)头,如图1-5所示。

图1-5 劈下青鱼(草鱼)头

步骤2 出脊椎骨。将青鱼(草鱼)背部朝右、腹部朝左,平放在砧板上,将刀刃平放在背鳍上方,采用平刀批的刀法横批进去,沿着背鳍从上而下批至尾鳍上部,如图1-6所示,将上面鱼肉与背鳍批开,批至脊椎骨时继续向下横批,直到批过脊椎骨,将脊椎骨和肋骨相连处也批开,等脊椎骨与这一面的鱼肉完全分开,将带肋骨的青鱼(草鱼)肉放置一边;将砧板上的青鱼(草鱼)翻面,使鱼尾朝外,右手执刀,采用上述方法,从尾鳍开始,沿着背鳍将鱼肉与背鳍批开,得到另一面带肋骨的青鱼(草鱼)肉和带尾鳍、背鳍的脊椎骨。

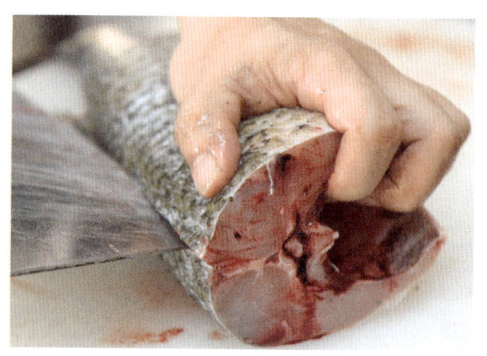

图1-6 沿着背鳍横批青鱼(草鱼)

步骤3 出肋骨。将一面青鱼(草鱼)肉背部朝右、腹部朝左,平放在砧板上,将刀刃紧贴着肋骨,采用拉刀批的刀法,批去肋骨,如图1-7所示;采用上述方法,批去另一面青鱼(草鱼)肉的肋骨。

图 1-7　批去青鱼（草鱼）肋骨

步骤 4　清洁整理。用清水将青鱼（草鱼）头、带尾鳍和背鳍的脊椎骨、肋骨和带皮鱼肉清洗干净，放入不锈钢长方盘，如图 1-8 所示。

图 1-8　将青鱼（草鱼）装盘

操作关键

1. 选用新鲜、完整的青鱼（草鱼），其大小应符合整鱼出骨的要求。
2. 初步加工时不要碰破鱼皮，注意出骨的方法和先后顺序。
3. 下刀位置应准确，做到骨肉完整。

质量指标

1. 选择 1 250 g 左右、新鲜、无变质现象的青鱼（草鱼）为原料。

2. 青鱼（草鱼）出骨后，鱼头与胸鳍形态完整，鱼肉和鱼皮无破损，有一副背鳍和尾鳍完整的脊椎骨及两副肋骨。

3. 从胸鳍后端劈下鱼头，下刀准确。

4. 刀口光滑，骨不带肉，肉不带骨，成品干净卫生。

鳜鱼（鲈鱼）整鱼出骨

操作准备

工具准备

（1）文武刀1把（建议用2号文武刀）。

（2）塑料砧板1个（建议长600 mm，宽400 mm，厚30 mm）。

（3）不锈钢长方盘1个（建议长400 mm，宽300 mm）。

（4）筷子1双。

原料准备

重约750 g的鳜鱼（鲈鱼）1条。

操作步骤

步骤1 初步加工。将鳜鱼（鲈鱼）头部朝左，横放在砧板上，左手按住鳜鱼（鲈鱼）的头部，按从尾部到头部的顺序用刀刮去鱼鳞，然后用右手大拇指翻开鳃盖，并配合右手食指将鱼鳃挖出；用刀在鳜鱼（鲈鱼）的肛门处划一刀，将筷子从鳜鱼（鲈鱼）的口部插进鱼腹内，用力卷出内脏，如图1-9所示，用清水将鳜鱼（鲈鱼）反复冲洗干净。

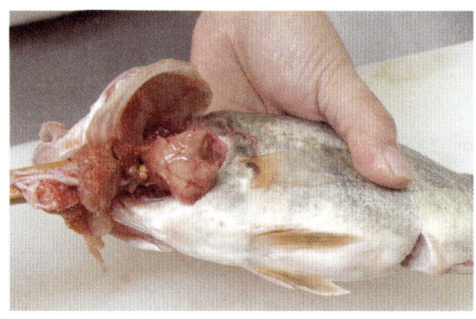

图1-9 用筷子从口部卷出内脏

步骤2 劈下鱼头。将鳜鱼（鲈鱼）头部朝左、背部朝外、腹部朝里，平放在砧板上，用刀沿着胸鳍后端劈下鳜鱼（鲈鱼）头，如图1-10所示。

图1-10 劈下鳜鱼（鲈鱼）头

步骤3 出脊椎骨。将鳜鱼（鲈鱼）背部朝右、腹部朝左，平放在砧板上,将刀刃平放在背鳍上方,采用平刀批的刀法横批进去,沿着背鳍从上而下批至尾鳍上部,将上面鱼肉与背鳍批开,批至脊椎骨,如图1-11所示,之后继续横批,将脊椎骨和肋骨相连处也批开,等脊椎骨与这一面的鱼肉完全分开,将带肋骨的鳜鱼(鲈鱼)肉放置一边;将砧板上的鳜鱼(鲈鱼)翻面,使鱼尾朝外,采用上述方法,从尾鳍开始,沿着背鳍将鱼肉与背鳍批开,得到另一面带肋骨的鳜鱼(鲈鱼)肉和带尾鳍、背鳍的脊椎骨。

采用上述方法,批去另一面鳜鱼(鲈鱼)肉的肋骨。

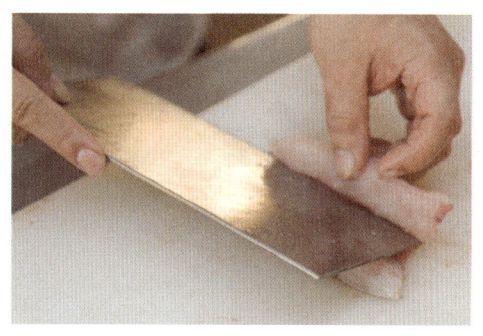

图1-12 批去鳜鱼(鲈鱼)肋骨

步骤5 清洁整理。用清水将鳜鱼(鲈鱼)头、带尾鳍和背鳍的脊椎骨、肋骨和带皮鱼肉清洗干净,放入不锈钢长方盘,如图1-13所示。

图1-11 横批批至鳜鱼(鲈鱼)脊椎骨

步骤4 出肋骨。将一面鳜鱼(鲈鱼)肉背部朝右、腹部朝左,平放在砧板上,将刀刃紧贴着肋骨,采用拉刀批的刀法,批去肋骨,如图1-12所示;

图1-13 将鳜鱼(鲈鱼)装盘

> **操作关键**
>
> 1. 选用新鲜、完整的鳜鱼（鲈鱼），其大小应符合整鱼出骨的要求。
> 2. 初步加工时不要碰破鱼皮，注意出骨的方法和先后顺序。
> 3. 下刀位置应准确，做到骨肉完整。

质量指标

1. 选择 750 g 左右、新鲜、无变质现象的鳜鱼（鲈鱼）为原料。

2. 鳜鱼（鲈鱼）出骨后，鱼头与胸鳍形态完整，鱼肉和鱼皮无破损，有一副背鳍和尾鳍完整的脊椎骨及两副肋骨。

3. 从胸鳍后端劈下鱼头，下刀准确。

4. 刀口光滑，骨不带肉，肉不带骨，成品干净卫生。

黄鱼整鱼出骨

操作准备

工具准备

（1）文武刀 1 把（建议用 2 号文武刀）。

（2）塑料砧板 1 个（建议长 600 mm，宽 400 mm，厚 30 mm）。

（3）不锈钢长方盘 1 个（建议长 400 mm，宽 300 mm）。

（4）筷子 1 双。

原料准备

重约 500 g 的黄鱼 1 条。

项目1 整料出骨

操作步骤

步骤1 初步加工。将黄鱼头部朝右竖放在砧板上,左手按住黄鱼,撕去头盖皮,如图1-14所示,按从尾部到头部的顺序用刀刮去鱼鳞,然后用右手大拇指翻开鳃盖,并配合右手食指将鱼鳃挖出;用刀在黄鱼的肛门处划一刀,将筷子从黄鱼的口部插进鱼腹内,用力卷出内脏,用清水将黄鱼反复冲洗干净。

图1-14 撕去黄鱼的头盖皮

步骤2 劈下鱼头。将黄鱼头部朝左、背部朝外、腹部朝里,平放在砧板上,用刀沿着胸鳍后端劈下黄鱼头,如图1-15所示。

步骤3 出脊椎骨。将黄鱼背部朝右、腹部朝左,平放在砧板上,将刀刃平放在背鳍上方,采用平刀批的刀法横批进去,如图1-16所示,沿着背鳍从上而下批至尾鳍上部,将上面鱼肉与背鳍批开,批至脊椎骨时继续向下横批,直到批过脊椎骨,将脊椎骨和肋骨相连处也批开,等脊椎骨与这一面的鱼肉完全分开,将带肋骨的黄鱼肉放置一边;将砧板上的黄鱼翻面,使鱼尾朝外,采用上述方法,从尾鳍开始,沿着背鳍将鱼肉与背鳍批开,得到另一面带肋骨的黄鱼肉和带尾鳍、背鳍的脊椎骨。

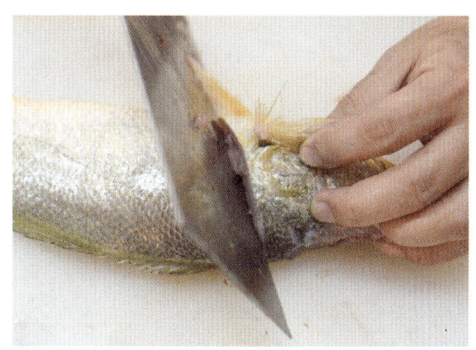

图1-15 劈下黄鱼头

图1-16 横批黄鱼

步骤4 出肋骨。将一面黄鱼肉背

部朝右、腹部朝左，平放在砧板上，将刀刃紧贴着肋骨，采用拉刀批的刀法，批去肋骨，如图1-17所示；采用上述方法，批去另一面黄鱼的肋骨。

步骤5 清洁整理。用清水将黄鱼头、带尾鳍和背鳍的脊椎骨、肋骨和带皮鱼肉清洗干净，放入不锈钢长方盘，如图1-18所示。

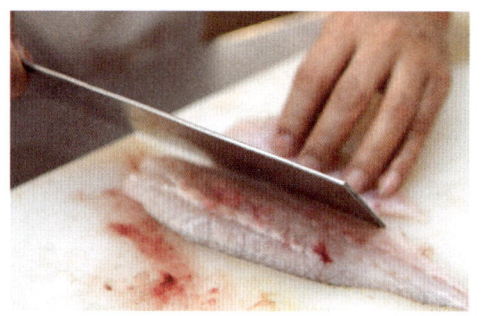

图1-17　批去黄鱼肋骨

图1-18　将黄鱼装盘

操作关键

1. 选用新鲜、完整的黄鱼，其大小应符合整鱼出骨的要求。
2. 初步加工时不要碰破鱼皮，但要去头盖皮，注意出骨的方法和先后顺序。
3. 下刀位置应准确，做到骨肉完整。

质量指标

1. 选择500 g左右、新鲜、无变质现象的黄鱼为原料。

2. 黄鱼出骨后，鱼头与胸鳍形态完整，鱼肉和鱼皮无破损，有一副背鳍和尾鳍完整的脊椎骨及两副肋骨。

3. 从胸鳍后端劈下鱼头，下刀准确。

4. 刀口光滑，骨不带肉，肉不带骨，成品干净卫生。

任务 3 整禽出骨

任务目标

1. 能描述家禽的种类和特点
2. 能描述家禽的性质和结构
3. 能描述整禽出骨的工艺流程
4. 能描述整禽出骨的原则和操作关键
5. 能进行整禽出骨的操作

知识准备

一、家禽的主要品种

用于烹饪的家禽主要有鸡、鸭、鹅、鸽子和鹌鹑。常见的家禽品种见表 1-3。

表 1-3 常见的家禽品种

分类	常见品种
鸡	浦东鸡、三黄鸡、寿光鸡、狼山鸡、萧山鸡、乌骨鸡等
鸭	北京填鸭、麻鸭、娄门鸭、番鸭等
鹅	狮头鹅、太湖鹅、舟山鹅等
鸽子	肉鸽、信鸽等
鹌鹑	家鹌鹑

二、家禽的种类和特点

1. 鸡的种类和特点

（1）按生长期分类。按生长期的长短，鸡可分为童子鸡、成年鸡和老鸡，其主要特点见表 1-4。

表 1-4　童子鸡、成年鸡和老鸡的主要特点

种类	主要特点
童子鸡	童子鸡的生长期一般是三四个月，体重在 500~750 g，其肉质最嫩、脂肪少、胸骨软，但出肉少，适宜带骨制作菜肴
成年鸡	成年鸡的生长期一般是一二年，体重在 1 500 g 以上，其肉质较嫩且出肉多，可用于多种烹调方法
老鸡	老鸡的生长期一般是二年以上，其肉质老、骨骼硬，适宜炖、焖、酱，是制汤的最佳原料

（2）按用途分类。鸡按用途不同可分为肉用鸡、蛋用鸡、肉蛋兼用鸡和药食兼用鸡。各类鸡均可以整只烹制，也可以分档取料后烹制。

相关链接

　　虫子鸡以昆虫为主食，是昆虫蛋白质最理想的载体。虫子鸡的特点是肉鲜味美、口感好、营养丰富、具有天然的清香，有补气益血、滋肾益脾的作用。

2. 鸭的种类和特点

（1）按用途分类。鸭按用途不同可分为肉用鸭、蛋用鸭和肉蛋兼用鸭。

肉用鸭体型壮而大，躯体宽阔，胸部肌肉丰满，颈、腿短粗，蹼宽厚，具有生长速度快、肉质好等特点。

蛋用鸭体型较小且狭长，颈细长，腿细，后部躯体发达，肌肉结实，具有成熟早、产蛋量大、适应性强等特点。

肉蛋兼用鸭体型介于肉用鸭和蛋用鸭之间，具有成熟早、生长速度快、产蛋量中等、肉质较好等特点。

（2）按产地分类

1）北京填鸭。北京填鸭有填食时间短、育肥快、肥瘦分明、皮下脂肪厚、肉质鲜嫩适度、不酸不腥等特点，是制作烤鸭的首选原料。

2）高邮麻鸭和绍兴麻鸭。麻鸭是中国特有的鸭类本土品种，是最早驯化的鸭类

之一，以江苏高邮和浙江绍兴的麻鸭较为著名。

3）娄门鸭。娄门鸭产于江苏苏州，是良好的肉蛋兼用鸭，具有肉质细腻、口味鲜美、产蛋量高、脂肪含量适中等特点。

4）番鸭。番鸭原产于南美洲和中美洲地区，现为我国普遍饲养的肉用鸭，具有生长速度快、体重大、脂肪含量低、胸肌和腿肌发达等特点。

3. 鹅、鸽子和鹌鹑的种类和特点

（1）鹅。鹅在中国具有悠久的饲养历史，在我国分布极广。鹅按用途不同可分为肉用鹅、蛋用鹅和肉蛋兼用鹅。常将整只鹅或鹅的斩件通过蒸、烧、烤、焖、炖等烹调方法制成菜肴。下面介绍几种常用于制作菜肴的鹅。

1）狮头鹅。狮头鹅原产于广东，其体型较大，成年鹅的体重最高可达15 kg，是烧鹅仔的主要原料。

2）太湖鹅。太湖鹅原产于江苏、浙江沿太湖地区，其体型较小，但胸部肌肉发达，成年鹅的体重一般在4 kg左右，是盐水鹅的主要原料。

3）舟山鹅。舟山鹅原产于浙江舟山，其体型较大、肉质丰满，成年鹅体重一般在6 kg左右，是糟鹅的主要原料。

（2）鸽子。用于制作菜肴的鸽子大多是家鸽，又称肉鸽、菜鸽，国内以广东石岐鸽为佳品。国外优良鸽种有白王鸽和银王鸽，白王鸽体重在500～800 g，美国的银王鸽体重可高达3.2 kg。与鸡肉和鸭肉相比，鸽肉更为鲜美，适用于炖、焖、蒸、炸、烤、炒等多种烹调方法。

鸽子的最佳食用期在出生后25天，这时的鸽子称为乳鸽，其肉质尤为细嫩，属于较高档的烹饪原料。

（3）鹌鹑。用于制作菜肴的鹌鹑为人工饲养的，体重一般在200～250 g，具有生长速度快、产蛋多、肉质细嫩、肌肉纤维短、易被人体消化吸收的特点，适用于烧、炸、炖等多种烹调方法。香酥鹌鹑就是一道广为流传的菜肴。

三、家禽的性质和结构

家禽的蛋白质含量较高，脂肪含量较低，还含有大量的维生素、无机盐等营养素。下面主要介绍鸡、鸭、鹅和鸽子的性质和结构。

1. 鸡的性质和结构

（1）鸡的性质。鸡肉的蛋白质含量较高，脂肪含量较低，维生素 A、维生素 B_6、维生素 B_{12}、维生素 D、维生素 K 和烟酸含量较高，是优质蛋白质以及磷、铁、钙、铜和锌的良好来源。

鸡肉能温中补脾、益气养血、补肾益精，具有增强体力、提高免疫力、保护心血管、促进智力发展、抗氧化等食用功效，并有一定的解毒作用。

（2）鸡的结构。鸡的结构主要包括鸡头、鸡颈、鸡翅、鸡腿、鸡爪、鸡躯干，其中鸡躯干上的主要肉用部分是鸡胸肉、鸡里脊、鸡脊背，如图 1-19 所示。

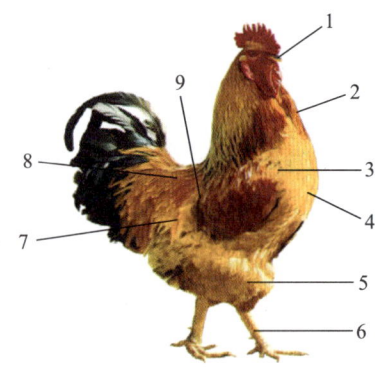

图 1-19　鸡的结构和分档

1—鸡头　2—鸡颈　3—鸡胸肉　4—鸡里脊　5—鸡腿　6—鸡爪　7—鸡躯干　8—鸡脊背　9—鸡翅

2. 鸭的性质和结构

（1）鸭的性质。鸭肉鲜嫩、味美、营养价值高，食用方法与鸡肉基本相同。鸭肉结缔组织较少，肌肉组织较细，含水量高，易消化。鸭肉味甘、咸，公鸭肉性微寒，母鸡肉性微温。鸭肉蛋白质含量比畜肉高得多，且脂肪分布均匀，碳水化合物含量适中。与牛羊肉相比，鸭肉的脂肪熔点很低。

鸭肉具有滋五脏之阴、清虚劳之热、养胃生津、消水肿、止热痢、止咳化痰、补血行水、止惊等食用功效。

（2）鸭的结构。鸭的结构主要包括鸭头、鸭颈、鸭翅、鸭腿、鸭爪、鸭躯干，其中鸭躯干上的主要肉用部分是鸭胸肉、鸭里脊、鸭脊背，如图 1-20 所示。

图 1-20 鸭的结构和分档

1—鸭头　2—鸭颈　3—鸭胸肉　4—鸭里脊　5—鸭腿　6—鸭爪　7—鸭躯干　8—鸭翅　9—鸭脊背

3. 鹅的性质和结构

（1）鹅的性质。鹅肉性平、味甘，肉质比较粗糙，腥味较重，但不失鲜美。鹅肉含有人体生长发育所必需的各种氨基酸，是全价蛋白质的来源之一；鹅肉的不饱和脂肪酸含量高，具有低脂肪、低胆固醇的特点；鹅肉含有多种无机盐。鹅肉具有益气补虚、和胃止渴、止咳化痰、解铅毒等食用功效。

（2）鹅的结构。鹅的结构主要包括鹅头、鹅颈、鹅翅、鹅腿、鹅爪、鹅躯干，其中鹅躯干上的主要肉用部分是鹅胸肉、鹅里脊、鹅脊背，如图 1-21 所示。

图 1-21 鹅的结构和分档

1—鹅头　2—鹅颈　3—鹅胸肉　4—鹅里脊　5—鹅腿　6—鹅爪　7—鹅躯干　8—鹅脊背　9—鹅翅

4. 鸽子的性质和结构

（1）鸽子的性质。鸽肉性平、味甘，肉质鲜美细嫩，骨香汤醇。

鸽子肉含有丰富的蛋白质、维生素和铁、锌等微量元素。古话说"一鸽胜九鸡",中医学认为鸽子的营养价值较高。

鸽肉具有补肝壮肾、健脑补神、益气补血、清热解毒、生津止渴、改善皮肤细胞活力的食用功效。

(2) 鸽子的结构。鸽子的结构主要包括鸽头、鸽颈、鸽翅、鸽腿、鸽爪、鸽躯干,其中鸽躯干上的主要肉用部分是鸽胸肉、鸽里脊、鸽脊背,如图1-22所示。

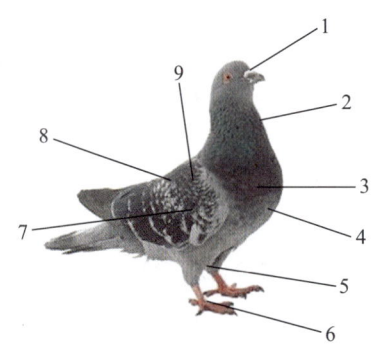

图1-22　鸽子的结构和分档

1—鸽头　2—鸽颈　3—鸽胸肉　4—鸽里脊　5—鸽腿　6—鸽爪　7—鸽躯干　8—鸽脊背　9—鸽翅

四、整禽出骨的工艺流程

整禽出骨的工艺流程具体如下:初步加工—划破颈皮、取出嗉囊—斩断颈骨—出翅骨—出躯干骨、割(劈)断尾椎骨和直肠、出里脊—出腿骨—翻转禽肉、清洁整理。

初步加工对于活禽来说是指宰杀、褪毛、清洗,对于光禽来说是指清洗。

另外,翅骨主要是指翅根骨。

五、整禽出骨的原则

1. 必须符合食品安全要求。

2. 必须按照原料的不同部位和质量等级进行出骨取肉。

3. 必须符合菜肴的品质要求。

六、整禽出骨的操作关键

1. 选择适合整禽出骨的原料。

2. 在初步加工时,不可碰破表皮。

3. 不可通过腹部开口或背部开口的方法取出内脏。

4. 要熟悉整禽的结构，熟知肌肉走向和骨骼位置，在出骨时刀刃要紧贴骨骼。

5. 要根据整禽不同部位的特点控制运刀的角度和力度。

6. 骨肉要分离，减少损耗。

七、整禽出骨工艺的运用

整禽的骨骼在烹制时往往会阻碍热量的传导及调料的渗透，特别是在整禽腹腔中填入其他原料时，这种影响更为明显，因而需要进行整禽出骨的操作。

整禽出骨是厨师基本功之一，其技术难度较大，操作时稍有不慎就会刺破表皮，导致禽肉受损，最终影响菜肴的口感和口味。

分离骨骼后的禽肉无论采用何种烹调方法，在装盘时都要注意调整切口的方向，目的是保持菜肴形态美观。

知识拓展

一、家禽的质量检验方法

1. 活禽检验

品质好的活禽活泼好动，对外界的刺激反应快速，禽体挺拔，羽毛紧实、光亮且无脱落，身体各部位如头、口、眼、双翅、爪等无残缺、无病害，眼球凸出有神，肛门清洁。

2. 鲜禽检验

鲜禽眼球饱满，皮肤富有光泽，肌肉切面也具有光泽，肌肉结实、饱满，具有鲜禽的正常气味。鲜禽肉体表面微干，不黏手，有弹性，用手指按压后产生的凹陷能立刻恢复，胸部和腿部无红色针眼和隆起现象。

3. 冻禽检验

新鲜冻禽口部有光泽，肉体干燥，解冻后肉体有弹性，且腹腔内无不良气味，脂肪呈白色或淡黄色。

二、家禽的保管方法

在餐饮行业中，对家禽的保管以冷藏和冷冻这两种方法为主。

家禽一般要取出内脏、洗涤后才能放入 0~5 ℃的冰箱，利用低温冷藏。如果需要存放一周以上，可以将家禽放在 -8 ℃左右的冷库进行冷冻保管。

操作技能

整鸡出骨

操作准备

工具准备

（1）文武刀 1 把（建议用 2 号文武刀）。

（2）塑料砧板 1 个（建议长 600 mm，宽 400 mm，厚 30 mm）。

（3）不锈钢长方盘 1 个（建议长 400 mm，宽 300 mm）。

原料准备

重约 1 000 g 的光鸡 1 只。

操作步骤

步骤 1 划破鸡颈皮、取出嗉囊、斩断鸡颈骨。把清洗后的光鸡放在砧板上，用刀在鸡肩胛骨之间顺着颈骨直划出一条约 50 mm 长的刀口，翻开颈皮，取出嗉囊，双手配合从刀口处拉出颈骨，在靠近头部处将颈骨斩断，如图 1-23 所示。

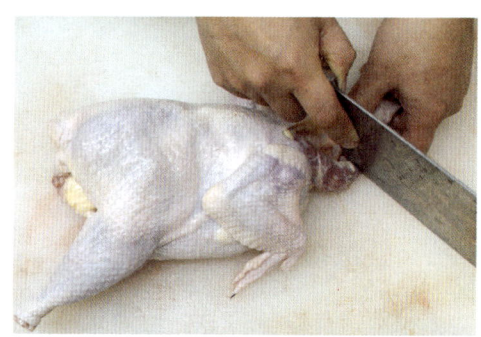

图 1-23 斩断鸡颈骨

步骤 2 出鸡翅骨。从颈部刀口处将皮肉翻开，使鸡头下垂，连皮带肉向后剥，剥至翅根处，如图 1-24 所示，用刀将连接两翅根骨与躯干骨的关节割断，抽出翅根骨并劈断。

步骤 3 出鸡躯干骨、劈断鸡尾椎骨、割断直肠、出鸡里脊。左手按住鸡的胸尖骨，右手将皮肉向下剥，等露出大腿骨关节，用刀刃的后端（即刀跟）

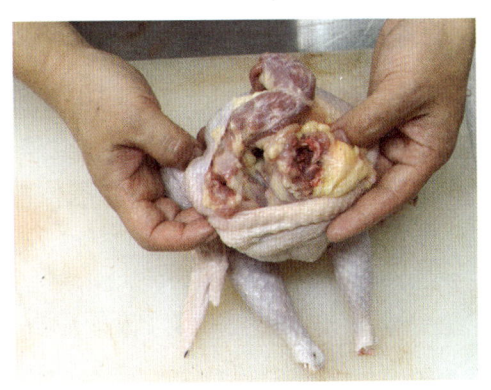

图 1-24　剥至翅根处

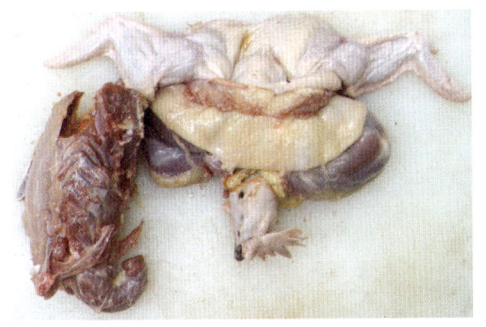

图 1-26　取出鸡躯干骨和内脏

紧贴在鸡背脊下方的凹陷处，剔出位于躯干骨和大腿骨之间的两块"栗子肉"，如图 1-25 所示，将连接两大腿骨与躯干骨的关节割断；再将皮肉向下剥，剥至鸡尾椎骨，采用直刀劈的刀法，劈断鸡尾椎骨；取出鸡躯干骨和内脏，如图 1-26 所示，再将肛门处的直肠割断，注意鸡尾应连在鸡身上；之后使刀身紧贴着鸡胸骨，从鸡肩胛骨向鸡尾椎骨方向划开，分别取出两条尖长条状的鸡里脊。

步骤 4　出鸡腿骨。翻开鸡腿上的皮肉，用刀在鸡腿内侧划开肌肉，露出连接大腿骨与小腿骨的关节，用刀绕割一周，割断鸡腿骨上的肌肉和筋，取出整根鸡腿骨，如图 1-27 所示；再采用直刀劈的刀法，劈断连接大腿骨和小腿骨的关节。

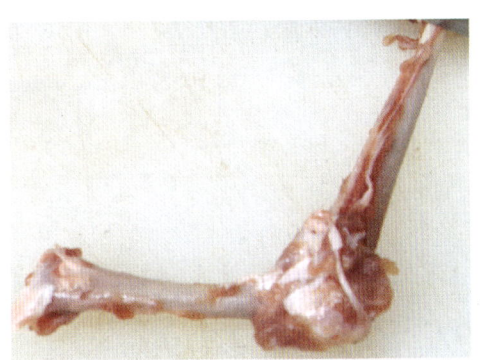

图 1-27　取出整根鸡腿骨

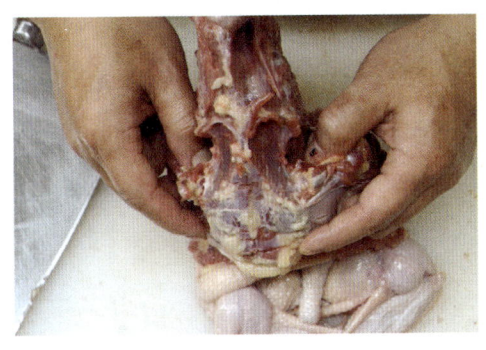

图 1-25　剔出"栗子肉"

步骤 5　翻转鸡肉、清洁整理。整鸡出骨后，将带颈骨和尾椎骨的躯干骨、翅骨、大小腿骨和鸡里脊清洗干净，放入不锈钢长方盘；将带皮鸡肉清洗干净（重点清洗肛门处），将右手从颈部伸入胸腔至尾部，抓住尾部皮肉翻转使鸡皮朝外，将栗子肉放入鸡腹中，再将整鸡放入不锈钢长方盘。整鸡出骨后的装盘效果如图1-28所示。

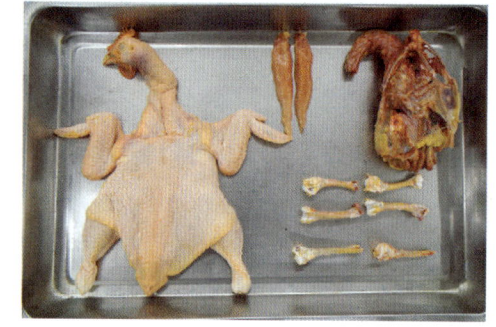

图1-28　整鸡出骨后的装盘效果

操作关键

1. 选用质量新鲜、形体完整的鸡，其大小应符合整鸡出骨的要求。
2. 注意出骨的方法和先后顺序。
3. 在鸡颈部划的刀口不宜过大，只要能将鸡的躯干骨完整脱出就可以。
4. 鸡尾部断口以劈断尾椎骨为限，不可切破皮肉。
5. 下刀位置应准确，做到骨不带肉、肉不带骨，内部肌肉不散落，骨肉完整。
6. 注意双手配合，若左手未按稳整鸡，则右手不能向整鸡进刀或向前推刀或左右批刀，进刀后要做到手到、刀到，外进内感。

质量指标

1. 选择1 000 g左右、新鲜、无变质现象的光鸡为原料。
2. 整鸡出骨后形态应完整，表皮无破损，有一副躯干骨和四根腿骨、两根翅根骨。
3. 刀口开在肩胛骨之间的颈部，长度不超过50 mm，下刀位置应准确。
4. 刀口光滑，骨不带肉，肉不带骨，成品干净卫生。

整鸭出骨

操作准备

工具准备

（1）文武刀 1 把（建议用 2 号文武刀）。

（2）塑料砧板 1 个（建议长 600 mm，宽 400 mm，厚 30 mm）。

（3）不锈钢长方盘 1 个（建议长 400 mm，宽 300 mm）。

原料准备

重约 1 250 g 的光鸭 1 只。

操作步骤

步骤 1 划破鸭颈皮、取出嗉囊、斩断鸭颈骨。把清洗后的光鸭放在砧板上，用刀在鸭肩胛骨之间顺着颈骨直划出一条约 70 mm 长的刀口，翻开颈皮，取出嗉囊，双手配合从刀口处拉出颈骨，在靠近头部处将颈骨斩断，如图 1-29 所示。

步骤 2 出鸭翅骨。从颈部刀口处将皮肉翻开，使鸭头下垂，连皮带肉向后剥。剥至翅根处，用刀将连接两翅根骨与躯干骨的关节割断，抽出翅根骨并劈断，如图 1-30 所示。

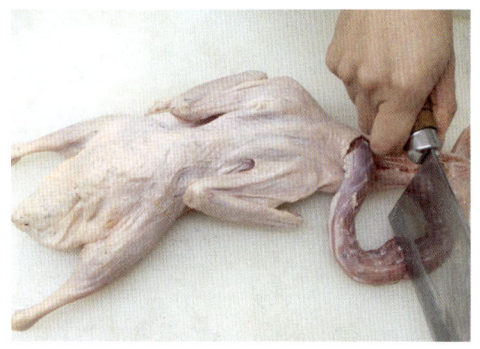

图 1-29 斩断鸭颈骨

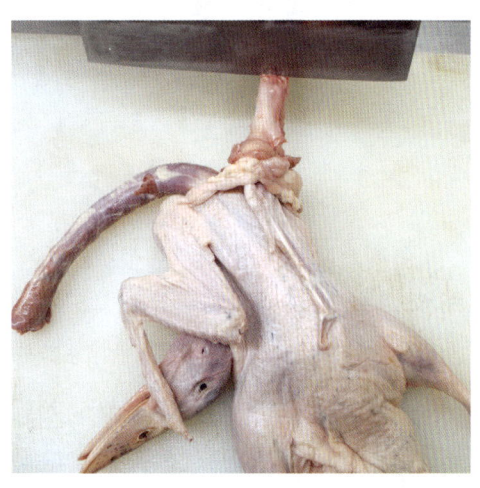

图 1-30 抽出鸭翅根骨并劈断

步骤 3 出鸭躯干骨、劈断鸭尾椎骨、割断直肠、出鸭里脊。左手按住鸭的胸尖骨，右手将皮肉向下剥，等露出大腿骨关节，用刀将连接两大腿骨与躯干骨的关节割断；再将皮肉向下剥，剥至鸭尾椎骨，将刀刃放在适当的位置，如图1-31所示，采用拍刀劈的刀法，用手掌在刀背上用力向下拍数下，劈断鸭尾椎骨；取出鸭躯干骨和内脏，再将肛门处的直肠割断，注意鸭尾应连在鸭身上；之后使刀身紧贴着鸭胸骨，从鸭肩胛骨向鸭尾椎骨方向划开，分别取出两条尖长条状的鸭里脊。

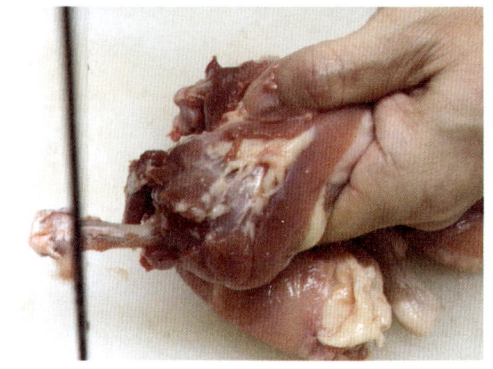

图1-32 劈断小腿骨末端关节

步骤5 翻转鸭肉、清洁整理。整鸭出骨后，将带颈骨和尾椎骨的躯干骨、翅骨、大小腿骨和鸭里脊清洗干净，放入不锈钢长方盘；将带皮鸭肉清洗干净（重点清洗肛门处），将右手从颈部伸入胸膛至尾部，抓住尾部皮肉翻转使鸭皮朝外，如图1-33所示，再将整鸭放入不锈钢长方盘。整鸭出骨后的装盘效果如图1-34所示。

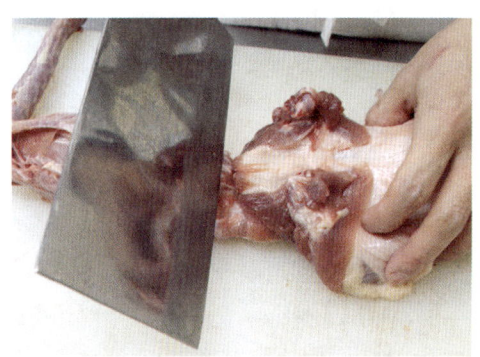

图1-31 将刀刃放在适当的位置

步骤4 出鸭腿骨。翻开鸭腿上的皮肉，用刀在鸭腿内侧划开肌肉，露出连接大腿骨与小腿骨的关节，用刀绕割一周，割断该关节处的筋，抽出大腿骨，劈断小腿骨末端关节，如图1-32所示；用刀绕割一周，将骨肉分离，抽出小腿骨。

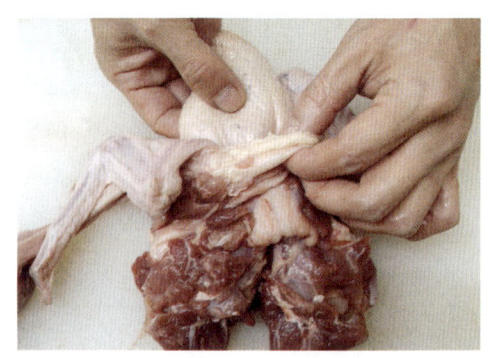

图1-33 抓住尾部皮肉翻转使鸭皮朝外

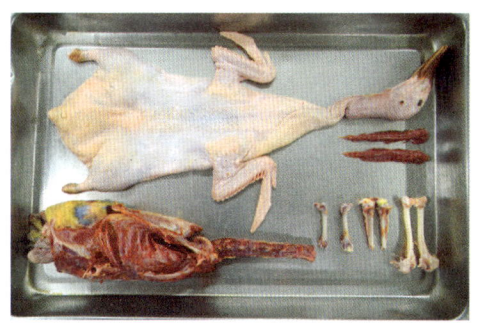

图 1-34 整鸭出骨后的装盘效果

操作关键

1. 选用质量新鲜、形体完整的鸭,其大小应符合整鸭出骨的要求。
2. 注意出骨的方法和先后顺序。
3. 在鸭颈部划的刀口不宜过大,只要能将鸭的躯干骨完整脱出就可以。
4. 鸭尾部断口以劈断尾椎骨为限,不可切破皮肉。
5. 下刀位置应准确,做到骨不带肉、肉不带骨,内部肌肉不散落,骨肉完整。
6. 注意双手配合,若左手未按稳整鸭,则右手不能向整鸭进刀或向前推刀或左右批刀,进刀后要做到手到、刀到,外进内感。
7. 整鸡出骨与整鸭出骨的步骤相同,但在使用的刀法上有不同之处。

质量指标

1. 选择 1 250 g 左右、新鲜、无变质现象的光鸭为原料。

2. 整鸭出骨后形态应完整,表皮无破损,有一副躯干骨和四根腿骨、两根翅骨。

3. 刀口开在肩胛骨之间的颈部,长度不超过 70 mm,下刀位置应准确。

4. 刀口光滑,骨不带肉,肉不带骨,成品干净卫生。

整鸽出骨

操作准备

工具准备

（1）文武刀1把（建议用2号文武刀）。

（2）塑料砧板1个（建议长600 mm，宽400 mm，厚30 mm）。

（3）不锈钢长方盘1个（建议长400 mm，宽300 mm）。

原料准备

重约400 g的光鸽1只。

操作步骤

步骤1 划破鸽颈皮、取出嗉囊等、斩断鸽颈骨。把清洗后的光鸽放在砧板上，用刀在鸽肩胛骨之间顺着颈骨直划出一条约30 mm长的刀口，翻开颈皮，取出嗉囊、血管和气管，双手配合从刀口处拉出颈骨，在靠近头部处将颈骨斩断，如图1-35所示。

步骤2 出鸽翅骨。从颈部刀口处将皮肉翻开，使鸽头下垂，连皮带肉向后剥，剥至翅根处，用刀将连接两翅根骨与躯干骨的关节割断，抽出翅根骨并劈断，如图1-36所示。

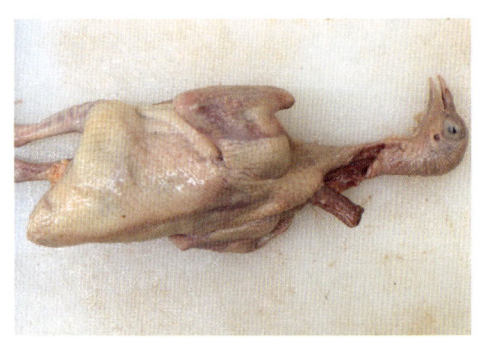

图1-35 斩断鸽颈骨

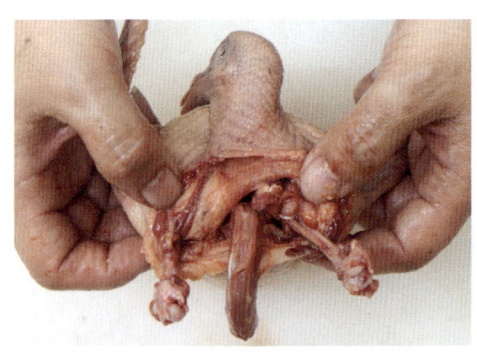

图1-36 抽出鸽翅根骨并劈断

步骤3 出鸽躯干骨、割断鸽尾椎骨和直肠、出鸽里脊。左手按住鸽子的胸尖骨，右手将皮肉向下剥，等露出大腿骨关节，用刀将连接两大腿骨与躯干骨的关节割断；再将皮肉向下剥，剥至鸽尾椎骨，用刀割断鸽尾椎骨；取出鸽躯干骨和内脏，如图1-37所示，将肛门处的直肠割断，注意鸽尾应连在鸽身上；之后使刀身紧贴着鸽胸骨，从鸽肩胛骨向鸽尾椎骨方向划开，分别取出两条尖长条状的鸽里脊。

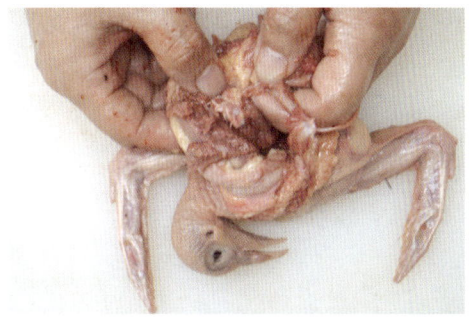

图1-38 用手将骨肉分离

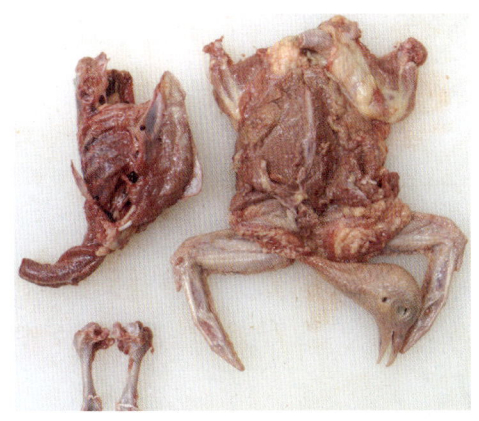

图1-37 取出鸽躯干骨和内脏

步骤4 出鸽腿骨。翻开鸽腿上的皮肉，露出连接大腿骨与小腿骨的关节，用刀绕割一周，割断该关节处的筋，用手将骨肉分离，如图1-38所示；抽出大腿骨，用刀劈断小腿骨末端关节，再用手将骨肉分离，抽出小腿骨。

步骤5 翻转鸽肉、清洁整理。整鸽出骨后，将带颈骨和尾椎骨的躯干骨、翅骨、大小腿骨和鸽里脊清洗干净，放入不锈钢长方盘；将带皮鸽肉清洗干净（重点清洗肛门处），将右手从颈部伸入胸膛至尾部，抓住尾部皮肉翻转使鸽皮朝外，再将整鸽放入不锈钢长方盘。整鸽出骨后的装盘效果如图1-39所示。

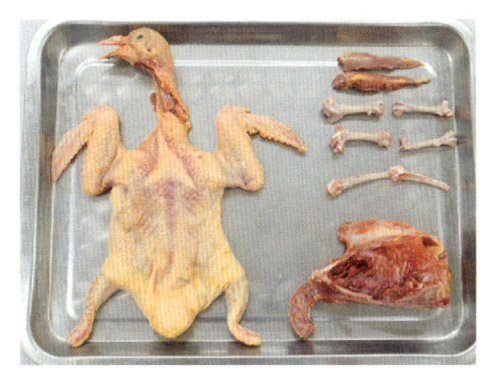

图1-39 整鸽出骨后的装盘效果

操作关键

1. 选用质量新鲜、形体完整的鸽子，其大小应符合整鸽出骨的要求。
2. 注意出骨的方法和先后顺序。
3. 在鸽子颈部划的刀口不宜过大，只要能将鸽子的躯干骨完整脱出就可以。
4. 鸽子尾部断口以割断尾椎骨为限，不可切破皮肉。
5. 下刀位置应准确，做到骨不带肉、肉不带骨，内部肌肉不散落，骨肉完整。
6. 注意双手配合，若左手未按稳整鸽，则右手不能向整鸽进刀或向前推刀或左右批刀，进刀后要做到手到、刀到，外进内感。

质量指标

1. 选择400 g左右、新鲜、无变质现象的光鸽为原料。
2. 整鸽出骨后形态应完整，表皮无破损，有一副躯干骨和四根腿骨、两根翅骨。
3. 刀口开在肩胛骨之间的颈部，长度不超过30 mm，下刀位置应准确。
4. 刀口光滑，骨不带肉，肉不带骨，成品干净卫生。

 **练习与检测**

一、判断题（将判断结果填入括号中，正确的填"√"，错误的填"×"）

1. 整料出骨是指将整只小型动物性原料除去主要骨骼后，仍然保持原料原有完整外形的一种加工方法。（　　）

2. 整料出骨时，执刀要做到准、稳、匀、平。其中，平是指进刀要平，即刀身不能左右倾斜，也不能前高后低或后高前低。（　　）

3. 刀具必须无臭、无味、无毒，不给食物带来污染和损害。（　　）

4. 木质砧板用后要做好清洁工作，要用刀具轻轻地满刮板面，避免其凹凸不平而影响下一次的刀工操作。（　　）

5. 在唐宋时期，刀工技术已经趋于成熟，可以切出薄如纸的片、细如线的丝。（　　）

二、单项选择题（选择一个正确的答案，将相应的字母填入题内的括号中）

1. 按在菜肴中的地位，烹饪原料可分为主料、辅料、（　　）和装饰料。

A. 鲜活原料　　　B. 干货原料　　　C. 调料　　　D. 复制品原料

2. 进行刀工操作时，左右手的动作要协调，其基本要求是（　　）。

A. 右手大拇指与食指捏住刀柄

B. 左手控制刀的推进速度，使原料平稳滑动

C. 左手控制下刀的角度、方向和力度

D. 右手控制下刀的角度、方向和力度

3. 与牛羊肉相比，鸭肉的脂肪（　　）。

A. 熔点很高　　　B. 熔点很低　　　C. 燃点很高　　　D. 沸点很高

4. 家禽一般要取出内脏、洗涤后才能放入0~5℃的冰箱，利用低温冷藏；如果需要存放一周以上，可以将家禽放入（　　）℃左右的冷库进行冷冻保管。

A. -3　　　B. -8　　　C. -10　　　D. -18

5. 整鸡出骨与整鸭出骨（　　）。

A. 刀法和步骤完全相同　　　B. 刀法和步骤完全不同

C. 刀法相同，步骤不同　　　D. 刀法不同，步骤相同

三、多项选择题（选择两个或两个以上正确的答案，将相应的字母填入题内的括号中）

1. 按照自然属性分类，烹饪原料可分为（   ）。

   A. 动物性原料　　　　　B. 植物性原料　　　　　C. 菌菇类原料

   D. 人工合成原料　　　　E. 矿物性原料

2. 以下各选项中，对合理选择烹饪原料的重要性描述正确的是（   ）。

   A. 合理选择烹饪原料可以满足食客食欲需求

   B. 合理选择烹饪原料是保证菜肴质量的重要条件，有助于形成菜肴的风味特色

   C. 合理选择烹饪原料可使其得到充分、合理的应用，有助于有效发挥烹饪原料的使用价值

   D. 合理选择烹饪原料可以满足人体的营养和卫生要求，避免伪劣原料混入膳食

   E. 合理选择烹饪原料是合理进行成本控制、减少浪费的良好途径

3. 进行刀工操作时，正确的姿势包括（   ）。

   A. 两脚要呈八字，自然站稳

   B. 两腿要蹲马步站稳，操作者腹部与砧板有一拳头的距离

   C. 上身略向前倾，前胸稍挺，不要弯腰弓背

   D. 眼睛仰视砧板（墩）上双手操作的部位

   E. 眼睛注视砧板（墩）上双手操作的部位

4. 刀具除了要达到规定的强度、刚度、硬度要求，还必须具有（   ）。

   A. 抗腐蚀性　　　　　　B. 化学稳定性　　　　　C. 耐磨性

   D. 时尚性　　　　　　　E. 通用性

5. 以下关于虫子鸡的描述正确的是（   ）。

   A. 肉鲜味美

   B. 口感好

   C. 营养丰富

   D. 具有天然的清香

   E. 有补气益血、滋肾益脾的作用

参考答案

一、判断题

1. ×   2. √   3. √   4. √   5. √

二、单项选择题

1. C   2. D   3. B   4. B   5. D

三、多项选择题

1. ABDE   2. BCDE   3. ACE   4. ABCE   5. ABCDE

项目 2　植物性原料精加工

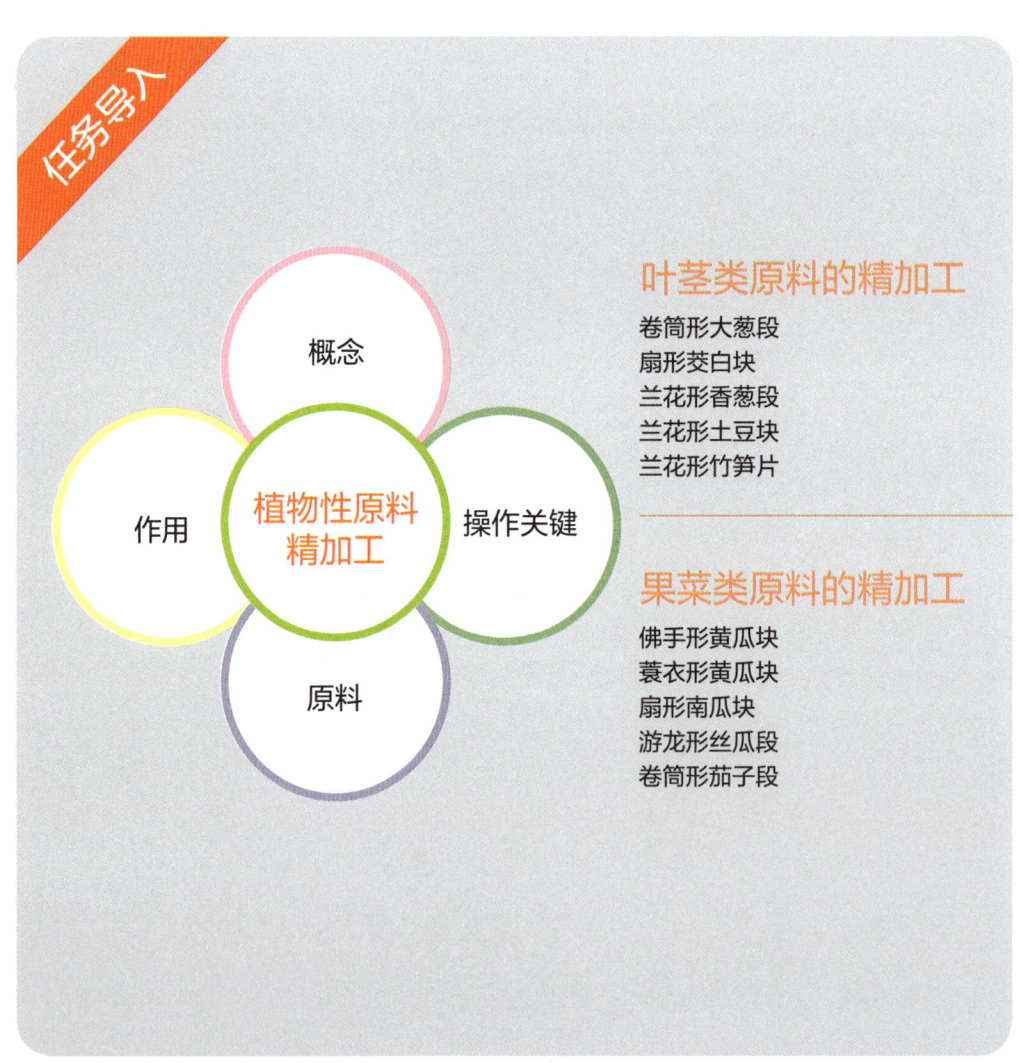

任务导入

叶茎类原料的精加工
卷筒形大葱段
扇形茭白块
兰花形香葱段
兰花形土豆块
兰花形竹笋片

果菜类原料的精加工
佛手形黄瓜块
蓑衣形黄瓜块
扇形南瓜块
游龙形丝瓜段
卷筒形茄子段

任务 1 植物性原料精加工基础

任务目标

1. 能描述常用的植物性原料
2. 能描述植物性原料精加工的概念
3. 能描述植物性原料精加工的作用
4. 能选择适用于精加工的植物性原料
5. 能描述植物性原料精加工的操作关键

知识准备

一、植物性原料简介

植物性原料是指植物界中可被人们作为烹饪原料的一切原料及其制品的总称。

1. 常用的植物性原料

烹饪中常用的植物性原料有粮食、蔬菜等。

（1）粮食。粮食是制作主食、各种菜肴、糕点、小吃、调味品等的重要原料。"五谷丰登"中的五谷在古书中有不同说法，通常指稻、黍、稷、麦、豆。现代烹饪中常用的粮食有水稻、小麦、豆类、高粱和小米。

（2）蔬菜。蔬菜是指可做菜吃的草本植物，也包括一些木本植物的嫩茎、嫩叶和菌类。蔬菜的可食用部分有幼芽、嫩叶、茎、根、花和果实，其中叶是一个重要的可食用部分。蔬菜的分类与品种见表 2-1。

表 2-1 蔬菜的分类与品种

分类	品种
叶菜类	菠菜、芫荽、空心菜（蕹菜）、荠菜、韭菜、生菜、大葱等
茎菜类	土豆、莲藕、姜、荸荠、茭白、竹笋、山药、芦笋等
根菜类	萝卜、胡萝卜、芥蓝等
花菜类	花椰菜、西蓝花、金针菜等
果菜类	黄瓜、南瓜、丝瓜、冬瓜、毛豆、豌豆、番茄、青椒、茄子等
食用菌类	香菇、杏鲍菇、石耳、木耳、银耳、竹荪、虫草花、松茸等

2. 植物性原料的结构

植物性原料的薄壁组织非常发达，其根与茎的皮层、叶子的叶肉组织、花器官的各部分、种子的胚乳和胚、果实的果肉等基本组织，都是主要食用部分。

菌丝体是食用菌的繁殖体结构；子实体是食用菌的主要食用部分，典型的子实体结构包括菌盖、菌柄和其他附属物。

二、植物性原料精加工的概念

植物性原料精加工是指运用刀工技术中的一些特殊刀法，对部分植物性原料进行加工。

三、植物性原料精加工的作用

植物性原料精加工的主要作用是使以植物性原料为主料的菜肴成形。部分精加工后的植物性原料也可用作辅料或装饰料，以提升菜肴的美感。

四、植物性原料精加工的选料要求

进行精加工时，通常选用食用部分较大、较厚，无粗筋、无渣屑的植物性原料。

五、植物性原料精加工的操作关键

1. 初步加工要符合精加工的要求。
2. 严格按照工艺流程的先后顺序进行加工。
3. 选择正确的刀法将植物性原料加工成形。

 知识拓展

一、植物性原料的质量检验方法

1. 粮食的质量检验方法

可以从以下几个方面对粮食进行检验：有粮食的固有色泽，颗粒上无绿色、黄色、灰褐色和赤褐色部位；颗粒饱满，大小均匀，完整无缺损；有清新气味，无霉味或异味；制熟后表面油亮，香气浓厚；用手捏握，组织紧实无疏松感；洁净无杂质。

2. 蔬菜的质量检验方法

可以从以下几个方面对蔬菜进行检验：有蔬菜的固有色泽，颜色鲜艳，富有光泽；蔬菜大小均匀，完整无损伤，无因萎蔫、病变、昆虫侵蚀等而引起的形态异常；有清香、甘辛香、甜酸香等气味，无霉味或腐烂变质的异味；洁净无杂质。

二、植物性原料的保管方法

1. 粮食的保管方法

粮食要放在清洁、通风，可调节温度和湿度，有防鼠、防蝇、防甲虫和蛾类幼虫设施的环境下保管。

可在0 ℃以下不利于虫、霉菌生长的低温环境下将粮食密封，延缓粮食的变质。

2. 蔬菜的保管方法

蔬菜要放在清洁、干燥，有新鲜空气流通，光线明亮、柔和且照度一致，无杂色光干扰，无强光直射，无异味干扰，有防鼠、防蝇和防甲虫设施的环境下保管。

叶菜类要冷藏保管，防止叶片发黄、萎蔫、腐烂。皮质厚实的蔬菜如土豆、胡萝卜、南瓜、冬瓜、洋葱等可以在室温下保管。黄瓜、青椒、番茄等果菜类的适宜保存温度较高，应避免长时间放在冰箱里。

三、食用菌的营养和特点

食用菌所含的蛋白质占其干重的20%～40%，还含有多种氨基酸，且维生素、无机盐的含量较丰富，又因含有特殊的多糖类物质而具有增强免疫力、防癌抗癌的功效。绝大多数食用菌具有特殊的鲜香风味。

地衣是藻类和真菌的共生联合体，有壳状、枝状、叶状等形状，石耳是寄生在岩石上的壳状地衣。

香菇味鲜香，质地柔韧，烹饪中既可作为主料又可作为辅料，鲜香菇、干香菇均可使用。香菇适用于炒、炖、煮、烧、拌、制汤、制馅及拼制冷盘。

松茸质地肥厚、致密，甜润甘滑，香气尤为浓郁，食后满口余香，其风味和香味在食用菌中居于首位，以鲜品为上品。

四、刀法简介

1. 刀法的概念和意义

刀法是指将烹饪原料加工成不同形状的行刀技法。例如，在粗加工原料时会用到劈、斩等刀法，在将原料加工成多种形状时也要用到不同刀法。

刀法在烹饪工艺中具有影响菜肴的色、香、味、形，促使原料传热均匀而有利于入味，美化菜肴形状和提高菜肴价值，促进消化的重要意义。

2. 刀法的操作要求

（1）用腕力握刀，操作者手腕应灵活有力。

（2）要了解原料质地的老嫩和纹路方向，如对于质地较老的牛肉应顶着纹路切，对于质地较嫩的猪腿肉应斜着纹路切，对于质地较嫩的猪通脊肉和鸡胸肉多顺着纹路切。

（3）在采用不同刀法时，必须注意主辅料形状的恰当、协调，一般原则是辅料服从主料、辅料小于主料、辅料衬托主料。切得的块、片、条、丝、丁和粒不可似断非断、相互粘连，否则会影响菜肴质量。

（4）进行刀工操作时要结合烹调方法。例如，采用炖、焖、煨等烹调方法时，火候小，时间长，汤汁较多，为避免原料在烹制中碎裂而影响菜肴质量，切原料时要求块或段要大些。但是要注意，不经过刀工处理的整只或大块原料，无论采用何种烹调方法，在加入调料后，即使火候适当，滋味也不易渗入原料内部。

3. 刀法的分类

根据刀刃与砧板所成角度，刀法可分为直刀法、平刀法和斜刀法，其中每种刀法还能细分，具体见表 2-2。

表 2-2 刀法的分类

分类	刀刃与砧板所成角度	细分
直刀法	90°	切（直切、推切、拉切、锯切、铡切等）
		劈（直刀劈、跟刀劈、拍刀劈）
		斩（单刀斩、双刀斩），斩又称剁
平刀法	0°	平刀批、拉刀批（又称正刀批）、推刀批、抖刀批、滚料批等
斜刀法	0°~90°	正刀斜批和反刀斜批

4. 常用刀法的技术要点

（1）直刀法。直刀法是指刀刃与砧板成 90° 角的一类刀法。按用力大小和手、腕、臂的运动方式，直刀法可以细分为切、劈、斩等刀法。

采用直刀法时，右手持稳刀具，使刀身垂直于砧板、原料，左手自然弯曲，按稳所切原料，运用右手腕力使刀身紧贴左手中指指背，一般从右到左切，随着左手不断后退移动，刀身始终平行于原料切面（不偏斜），在每次移动距离相等的情况下，双手配合，一刀一刀匀速、有规律地笔直切（劈或斩）下去，使加工后的原料整齐、均匀、美观，并保证原料完全被切断而不互相粘连。

（2）平刀法。平刀法又称批刀法或片刀法，是指刀身与砧板接近平行的一类刀法。平刀法可将原料批成薄片，主要适用于加工无骨的韧性原料和软性原料，以及煮熟回软的动物性原料和植物性原料。

平刀批适用于加工无骨软性原料如豆腐干、肉冻等，操作时将刀身平放，使刀身与砧板平行，批时一刀批到底。

拉刀批适用于加工体积小、嫩脆的莴笋、萝卜、猪腰、鱼肉等动植物原料。操作时要求持刀稳，刀身始终与原料平行，出刀应果断有力，一刀断面。一般将左手手指平按在原料上，注意手指的力量应适当、均衡，既固定原料又不影响持刀的操作。一般左手食指与中指应分开一些，以便观察每片原料的厚度。

推刀批与拉刀批的方法类似，不同之处是刀刃批进原料后运动方向与后者相反。推刀批适用于加工体积大、韧性强和筋较多的原料。

抖刀批的技术要点是左手按稳原料，右手持刀，从右向左批进原料，操作时要上下均匀地抖动刀刃，一般先将原料批成水波形厚块，再直切成片。

滚料批适用于加工外形呈圆柱形的无骨脆性原料或煮熟回软原料，如黄瓜、丝瓜、煮熟的竹笋等。操作时要求先将原料切成段，然后将左手手指平放在原料上方按稳原料，右手持刀，将刀身平放，使刀刃紧贴原料下部，同时与砧板平行，从右向左批进原料，批时左手手指带动原料随着刀刃批进的速度向左滚动，将圆柱形原料批成长薄片。

（3）斜刀法。斜刀法是指刀刃与砧板、原料所成角度小于 90° 的一类刀法。斜刀法适合加工鱼肉、鱿鱼、墨鱼、猪腰、鸡胸肉、鸭肫等原料。

正刀斜批适用于加工小而薄的嫩性、韧性和软性原料，如豆腐、鸡胸肉、墨鱼、鱿鱼、豆腐干等，操作时刀背向右、刀刃向左，刀刃与砧板、原料成锐角，运刀方向是从右向左，将原料批断。正刀斜批的技术要点是左手手指平放在原料上方按稳原料，右手持稳刀具，使刀刃紧贴原料，在距左手手指一定距离（即所批薄片的厚度）处批进原料，左手手指根据右手运刀的速度匀速地向左移动，使批下的原料在形状、厚度和宽度上保持一致。运刀时，根据原料的厚度和成形要求确定运刀角度，刀具可随运刀角度的变化而抬高或放低，总体上刀具不宜提得过高，防止伤手。

反刀斜批适用于加工体薄、韧性强的竹笋、猪肚等原料，操作时刀背向内（朝身体方向）、刀刃向外，刀刃与砧板、原料成锐角，运刀方向是从内向外，将原料批断。反刀斜批的技术要点是左手按稳原料，右手持稳刀具，使刀身紧贴左手指背批进原料，同时左手匀速地向后移动，使批下的原料在形状、厚度上保持一致。运刀时，同样根据原料的厚度和成形要求确定运刀角度，左手手指可随运刀角度的变化而抬高或放低，总体上刀具不宜提得过高，防止伤手。

五、刀工处理后的原料基本形态和规格

1. 块

块是由切的刀法加工而成的。长方块一般长 50 mm，宽 30 mm，厚 20 mm；大正方块一般边长为 30 mm，厚 20 mm；小正方块一般边长 25 mm，厚 15 mm；菱形块一般边长为 20～40 mm，厚 20 mm；滚料块一般长 40 mm，厚为原料直径大小；劈柴块一般长 50 mm，宽 20 mm，厚为原料自身厚度。

2. 片

片是用切和批的刀法加工而成的。原料成片前一般先被切成大块，在此基础上再被批成片。片分为厚片和薄片。厚片一般长 50 mm，宽 30 mm，厚 2 mm；薄片一般长 40 mm，宽 25 mm，厚 1 mm。

片一般用于汆的烹调方法，韧性原料的片要加工得薄一些。

3. 条

条是用切的刀法加工而成的。原料成条前一般先被切成大厚片，在此基础上再被切成条。条分为粗条和细条。粗条一般长 50 mm，宽和厚各 6 mm；细条一般长 50 mm，宽和厚各 4 mm。

在将原料加工成条时应顺着纤维纹路切。韧性原料应切得细一些，脆性、软性原料应切得粗一些；用于烧、扒、焖等烹调方法的条应切得粗一些，用于滑炒、滑熘等烹调方法的条应切得细一些。

4. 丝

丝呈细条状，是用批和切的刀法加工而成的。原料成丝前一般先被批成大薄片，在此基础上再被切成丝。丝分为粗丝和细丝。粗丝一般长 70 mm，宽和厚均大于 3 mm；细丝一般长 60 mm，宽和厚均小于 3 mm。

丝必须均匀，一般要顺着原料的纤维纹路切丝，但牛肉应顶着肌肉纤维切丝。用于滑炒、滑熘的丝应切得细些，用于干煸、清炒的丝应切得粗些。需要将原料切丝的菜肴有冬笋肉丝、茭白鸡丝、炒龙凤丝、鱼香肉丝等。嫩性、韧性、脆性和软性原料都适用于切丝。

5. 丁

丁是由切的刀法加工而成的。原料成丁前一般先被切成条，在此基础上再被切成丁。丁按大小分为大丁、中丁、小丁三种。大丁一般长、宽、厚各 15 mm，中丁一般长、宽、厚各 12 mm，小丁一般长、宽、厚各 10 mm。丁按形状可分为菱形丁、骰子形丁、橄榄形丁和指甲形丁。

韧性、脆性、软性、硬性原料均可加工成丁。在将原料加工成丁时，作为辅料的丁一般要求小一些，作为主料的丁一般要求大一些。质地较老的动物性原料一般先用刀将其肌肉纤维拍松后再切丁；结缔组织较丰富的动物性原料不宜直接切丁，应先将其切成片，再在两面剞出刀纹，最后切丁。

6. 粒

粒是由切或批的刀法加工而成的。粒比丁小，比米大，一般类似豌豆大小。原料成粒前一般先被切成细条或粗丝，在此基础上再被加工成粒。粒按大小分为大粒、中粒、小粒三种。大粒一般长、宽、厚各 8 mm，中粒一般长、宽、厚各 6 mm，小粒一般长、宽、厚各 4 mm。

胡萝卜、鸡肉和鱼肉较适合加工成粒，但大蒜不适合加工成粒。

7. 米

米是小于粒的正方体，其成形方法与粒相同。粒的规格要求一般是长、宽、厚各 3 mm。为避免将米加工成末，应运用平刀法和直切法（或推切法）将原料加工成米。

脆性、硬性和韧性原料都适合加工成米。需要将原料加工成米的菜肴有小煎鸡米、扬州狮子头、松仁鱼米等。

8. 末

末比米小，其形状不规则。一般先将原料加工成米，再运用单刀斩（剁）或双刀斩（剁）的刀法将其加工成末。软性、脆性、硬性和韧性原料都适合加工成末，常见的有姜末、火腿末等。

六、美化刀工简介

1. 美化刀工的概念

美化刀工是指综合运用切、批等刀法后，在原料表面剞出深而不透的各种横竖刀纹的操作过程。在原料上剞出一排刀纹属于一般剞，在原料上剞出两种以上刀纹属于花式剞。经美化刀工处理的原料可具有荔枝形、麦穗形、松鼠形、菊花形等多种美观、栩栩如生的形态。

2. 美化刀法的分类

美化刀工所用刀法称为美化刀法，又称混合刀法、剞法。在具体操作中，根据运刀方向和角度的不同，美化刀法又分为直刀剞、推刀剞和斜刀剞。美化刀法的分类与特点见表 2-3。

表 2-3　美化刀法的分类与特点

分类		刀刃与砧板所成角度	特点
直刀剞		90°	刀刃从右前方向左后方垂直剞进原料
推刀剞		90°	刀刃从后向前推，垂直剞进原料
斜刀剞	正刀剞	0°~90°	刀刃从右前方向左后方斜着剞进原料，又称拉刀剞
	反刀剞	0°~90°	刀刃从左后方向右前方斜着剞进原料

3. 美化刀法的技术要点

（1）直刀剞

1）刀刃与砧板始终保持垂直。

2）进刀深度控制在原料厚度的 4/5。

3）左手按住原料，从右前方向左后方运刀。

4）刀纹要深浅一致，保持间距相等。

（2）推刀剞

1）刀刃与砧板始终保持垂直。

2）根据原料特点和成形要求，将进刀深度控制在原料厚度的 2/3～4/5。

3）左手按住原料，从正后方向正前方运刀。

4）刀纹要深浅一致，保持间距相等。

（3）斜刀剞（正刀剞和反刀剞）

1）刀刃与砧板的夹角始终小于 90°。

2）进刀深度控制在原料厚度的 2/3。

3）正刀剞时，左手按住原料，刀刃向左，从原料右前方向左后方运刀，即往左后方拉。

4）反刀剞时，左手按住原料，刀背向里、刀刃向外，从原料的左后方向右前方运刀，即向右前方推。

5）刀纹要深浅一致，保持间距相等。

七、斜刀剞与斜刀批的区别

斜刀剞与斜刀批相似但不完全相同，下面分别对其进行具体分析。

1. 斜刀剞

进行斜刀剞时，要在原料上剞出平行的斜刀纹，不能剞出直刀纹，刀纹间距要始终相等。当刀刃剞到一定深度时停刀，深度要始终保持一致，不能将原料剞断。

进行斜刀剞时，刀刃与砧板所成角度在 0°～90°，注意该角度在运刀过程中应始终保持一致。

2. 斜刀批

进行斜刀批时，刀刃与砧板所成角度也在 0°～90°，该角度也要始终保持一致，同时每批一刀的间距要始终保持一致，但一般要将原料批断。

任务 2 叶茎类原料的精加工

 任务目标

1. 能描述常用叶茎类原料的类别和品种
2. 能描述常用叶茎类原料的性质和功效
3. 能描述叶茎类原料的结构
4. 能描述叶茎类原料精加工的概念和操作关键
5. 能对叶茎类原料进行精加工

 知识准备

一、叶茎类原料简介

叶茎类原料品种较多,其蛋白质、脂肪含量低;富含 B 族维生素和维生素 C 及胡萝卜素,其中胡萝卜素有药用价值,可治疗夜盲症和眼干燥症,还可降血压和抗过敏;富含无机盐和膳食纤维,其中膳食纤维可减少人体对胆固醇的吸收,有预防动脉粥样硬化的作用;个别叶茎类原料如大葱、大蒜含有芳香物质,能刺激食欲、助消化,还具有杀菌、降脂、降压、降血糖、解毒等作用。多吃叶茎类原料有利于维持体内酸碱平衡。

1. 叶茎类原料的类别和品种

叶茎类原料是指以植物的叶片、叶柄、叶球、变态叶和植物的茎、变态茎为主要食用部分的蔬菜。常用叶茎类原料的类别和品种见表 2-4。

表 2-4 常用叶茎类原料的类别和品种

类别		品种
叶菜类	普通叶菜类	小白菜、油菜、菠菜、芹菜、苋菜等
	结球叶菜类	结球甘蓝、卷心菜、大白菜、结球莴苣、包心芥菜等
	辛番叶菜类	大葱、韭菜、芫荽、茴香等
	鳞茎叶菜类	洋葱、大蒜、百合等
茎菜类	地上茎类	茭白、竹笋、茎用莴苣(又称莴笋)、球茎甘蓝等
	地下茎类	土豆、芋头、莲藕、姜、荸荠、慈姑等

2. 叶茎类原料的性质和功效

不同的叶茎类原料性质不同，功效也不同。常用叶茎类原料的性质和功效见表 2-5。

表 2-5　常用叶茎类原料的性质和功效

名称	性质和功效
大葱	性温，味辛，无毒；主明目，补不足，治伤寒，发汗，去肿
韭菜	性温，味辛，无毒；安五脏，除胃热，下气，补虚
土豆	性平，味甘，无毒；和胃健脾，益气，对胃溃疡、习惯性便秘有疗效
茎用莴苣	性寒，味苦，无毒；主利五脏，开胸膈壅气，通血脉
竹笋	性寒，味甘、微苦，无毒；主消渴，利水道，化痰下气，益气

3. 叶茎类原料的结构

叶由叶片、叶柄和托叶组成，其中叶片包括表皮、叶肉和中脉三个部分。茎的下部与根连接，上部一般都有叶、花和果实，茎的初生结构由表皮、皮层和维管柱组成。

植物的结构层次由小到大依次是细胞、组织、器官、植物体。叶茎类植物体的组织有输导组织、薄壁组织、分生组织和分泌组织。分生组织是产生和分化其他各种组织的基础。植物的分生区包括茎尖分生区、根尖分生区、居间分生区及维管束内形成层。其中，根尖分生区的分生组织能不断分裂产生新细胞，使植物不同于动物和人，可以终生生长。茎用莴苣的叶及茎表皮上有乳汁管，乳汁管因分泌乳汁而使叶及茎具有一定的苦味，乳汁管就是分泌组织。

二、叶茎类原料精加工的概念

叶茎类原料精加工是指采用直刀法、平刀法和美化刀法，对一些叶菜类或茎菜类原料的局部进行加工，以形成美观刀纹的加工方法。

三、叶茎类原料精加工的操作关键

1. 选择可用于精加工的新鲜叶茎类原料，如大葱、香葱、茭白、竹笋、茎用莴苣等。

2. 初步加工的方法符合精加工要求。

3. 熟悉工艺流程的先后顺序。

4. 注意运刀的角度、力度，以及刀纹的长度和深度。

5. 要物尽其用，减少损耗，防止浪费。

知识拓展

一、叶茎类原料的质量检验方法

1. 叶菜类的质量检验方法

（1）大白菜。优质大白菜棵大、叶片肥厚，组织紧密、韧性大，无黄叶、枯叶、老叶，无病虫害，菜心不腐烂、无损伤。

（2）卷心菜。优质卷心菜呈浅绿色，球形圆滑整齐，包心紧实、外包叶不腐烂，无病虫害、无虫粪。

（3）菠菜。优质菠菜鲜嫩翠绿，尖叶菠菜具有叶狭长且薄似箭形、叶面光滑、叶柄细长的特点，圆叶菠菜具有叶大而厚呈卵圆形或椭圆形、叶柄短粗的特点，均无枯叶、黄叶、花斑叶、烂叶，植株健壮、整齐而不易断，根上无泥，捆内无杂物，不抽薹。

（4）大葱。优质大葱呈青绿色，无枯叶、烂叶，葱株粗壮匀称、不易断，葱白长，管状叶短，根部无泥无水、不腐烂。

（5）大蒜。优质大蒜大小均匀，蒜皮完整而不开裂，蒜瓣饱满且不干枯、不腐烂，蒜身干爽无泥，不带须根，无病虫害，不出芽。

2. 茎菜类的质量检验方法

（1）茎用莴苣。优质茎用莴苣肉质鲜嫩，茎长而不断、粗细均匀，茎表皮光滑不开裂、薄而多汁、纤维少，无异味，无老根，无黄叶，无病虫害，无空心。

（2）土豆。优质土豆个头大，形态匀称，表皮脆薄、干净，无毛根和泥土，无干疤和糙皮，无病斑，无虫咬伤和机械外伤，不发芽，不萎蔫，不变软，不变绿，无因发酵而产生的酒精味，无腐烂味。

（3）姜。优质姜块完整、丰满、结实，表皮无皱缩、无损伤，辣味强烈，不带枯苗和泥土，无黑心、糠心、无烂芽。

（4）茭白。优质茭白茎嫩、肥大，外观干净、新鲜，略带甜味。

（5）竹笋。优质竹笋笋壳色泽黄亮，笋体挺直，顶部尖底部稍大，笋节短，手捏上去有厚实感。

常用的竹笋有春笋、早笋和鞭笋。春笋是指在"立春"至"雨水"这半个月中出产的竹笋，其特点是肥短、实心、有嫩尖，是笋中珍品。早笋是指过了"惊蛰"刚破土而出的竹笋，它具有身短、质嫩、空节少、肉质厚的特点。在各种竹笋中，以色白、质脆、枝细、节短、味鲜的鞭笋质量为最佳。

二、鞣酸的处理方法

鞣酸又称单宁，是酚酶催化酚类物质而形成的。鞣酸广泛存在于叶茎类原料、水果中，如菠菜、土豆、茄子以及苹果等的鞣酸含量较高。鞣酸能使蛋白质凝固，因此，鞣酸含量较高的蔬菜不宜与高蛋白饮食同吃，以免引起结石病。人体进食鞣酸含量较高的食物后，鞣酸与铁结合，会影响人体对铁的吸收。在有氧气的条件下，鞣酸等酚类物质在多酚氧化酶的作用下会发生酶促褐变反应，使食物变色。酶促褐变反应多发生在新鲜的植物性原料中，为防止其因该反应而变色，可采用以下处理方法。

1. 对原料进行热处理，即先进行巴氏杀菌，再在 90~95 ℃条件下用微波加热几秒钟。

2. 对原料进行冷处理，即将原料密封后放在 2~5 ℃的冰箱里冷藏。

3. 对原料进行酸化处理，由于多酚氧化酶在 pH 值小于 3 时就失去活性，因此可将原料浸泡在冷柠檬水里。

4. 对原料进行盐化处理，即将原料浸泡在淡盐水里。

另外，因为鞣酸对光很敏感，而且极易被氧化，所以保存鞣酸含量较高的蔬菜、水果时应避免阳光照射。

操作技能

卷筒形大葱段

操作准备

工具准备

（1）片刀1把。

（2）塑料砧板1个（建议长600 mm，宽400 mm，厚30 mm）。

（3）不锈钢长方盘1个（建议长400 mm，宽300 mm）。

原料准备

长400 mm、直径25 mm以上的大葱4根。

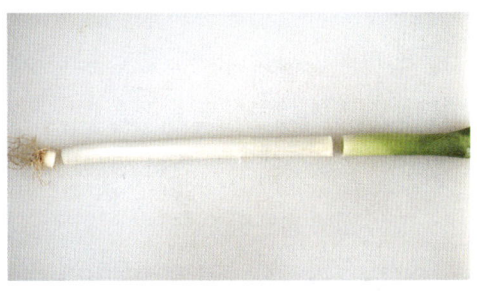

图 2-1　用片刀切去大葱的根须和青叶

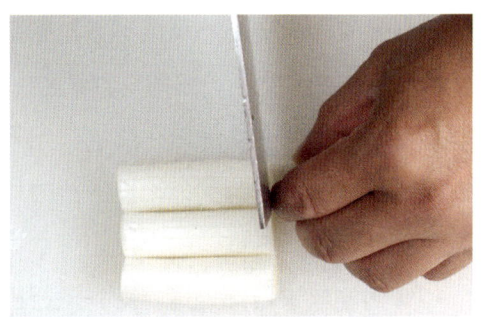

图 2-2　将葱白切成 60 mm 长的段

操作步骤

步骤1　用片刀切去大葱的根须和青叶，如图2-1所示，将葱白部分洗净。

步骤2　将葱白切成 60 mm 长的段，如图2-2所示，共切出12段。

步骤3　将葱段横放在砧板上，使刀身与葱段一端的截面成45°角，采用直刀剞的刀法，在葱段一面（葱白周长的1/3）剞出间距2 mm 的刀纹，如图2-3所示；将葱段向里旋转60°，采用上述方法加工另一面（葱白周长的1/3）；再将葱段向里旋转60°，采用上述方法加工剩下的一面（葱白周长的1/3）。

步骤4　用清水将卷筒形大葱段清洗干净，整齐地放入不锈钢长方盘，如图2-4所示。

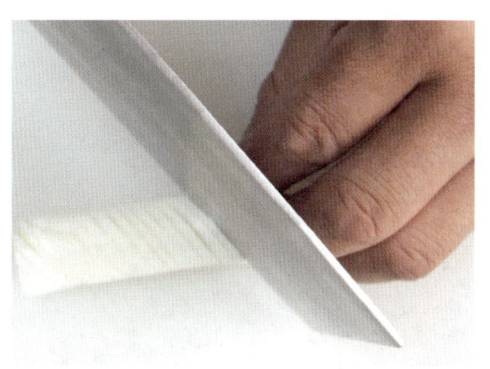
图 2-3 剞出间距 2 mm 刀纹

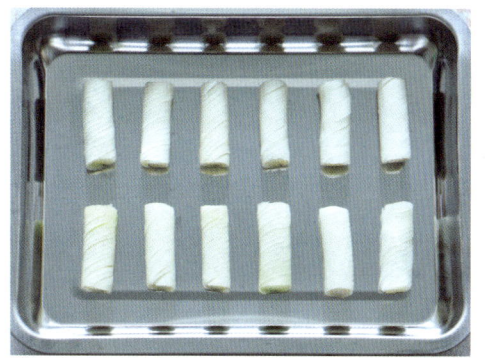
图 2-4 将卷筒形大葱段装盘

操作关键

1. 选用新鲜、外形饱满、长直粗大、中间无分枝、无干枯脱水现象的大葱。
2. 初步加工时要用手撕去葱白外层老叶,不可用片刀划,以免损伤葱白内层。
3. 加工时注意刀刃与原料所成角度,刀纹应清晰、间距均匀。

质量指标

1. 卷筒形大葱段造型美观,大小均匀,长为 60 mm,直径为 25 mm 以上。

2. 卷筒形大葱段形态完整,无残缺或破损。

3. 刀纹间距不超过 2 mm,深度为大葱直径的 1/3,三面刀纹等分。

4. 卷筒形大葱段的数量一般为 12 段。

扇形茭白块

操作准备

工具准备

（1）片刀1把。

（2）塑料砧板1个（建议长600 mm，宽400 mm，厚30 mm）。

（3）不锈钢圆盘1个（建议直径250 mm）。

原料准备

长300 mm、直径20 mm以上的茭白2根。

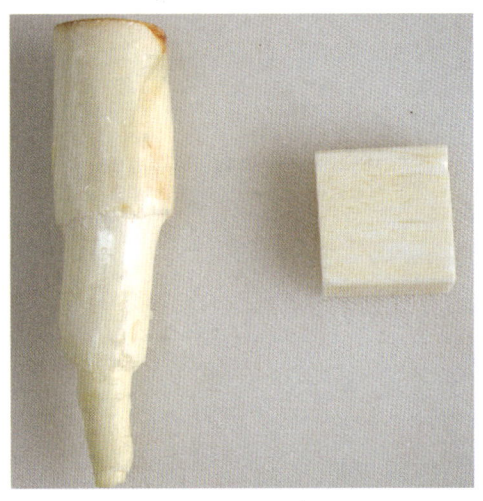

图2-5 将茭白切成正方块

图2-6 将茭白块修出弧形面

操作步骤

步骤1 将茭白去皮，切成边长40 mm、厚10 mm的正方块，如图2-5所示，共切出12块。

步骤2 将茭白块放在砧板上，从一端的1/4边长处起，用片刀将其另一端修出弧形面，如图2-6所示。

步骤3 使刀身与砧板成直角，采用直切的刀法，在茭白块弧形面的上方从外向里运刀，每隔1.5 mm切一刀，只切断30 mm左右，留10 mm左右的弧形部分不切断（即切出连刀片），如图2-7所示。

步骤4 用清水将茭白块清洗干净，将刀面用力按在相连的弧形部分上，将茭白块按压成扇形，如图2-8所示。

图 2-7 将茭白块切出连刀片

步骤 5 将扇形茭白块整齐地放入不锈钢圆盘，如图 2-9 所示。

图 2-9 将扇形茭白块装盘

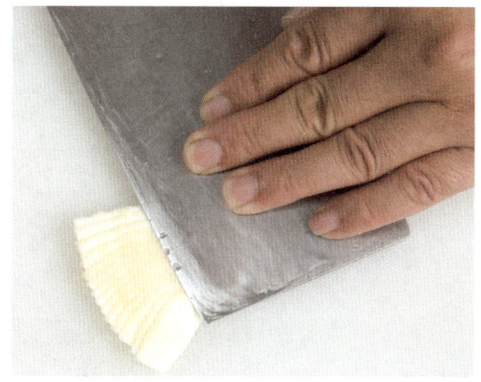

图 2-8 将茭白块按压成扇形

操作关键

1. 选用新鲜、茎白且细嫩、外形饱满、平直的茭白。
2. 初步加工时用手撕去外层老叶，不可用片刀划。
3. 茭白块的弧形面要修整至光滑，刀纹间距要均匀。

质量指标

1. 扇形茭白块造型美观，大小均匀，边长为 40 mm，厚为 10 mm。
2. 扇形茭白块形态完整，无残缺或破损。
3. 刀纹间距不超过 1.5 mm，不连刀。
4. 扇形茭白块的数量一般为 12 块。

兰花形香葱段

操作准备

工具准备

（1）片刀1把。

（2）塑料砧板1个（建议长600 mm，宽400 mm，厚30 mm）。

（3）不锈钢圆盘1个（建议直径250 mm）。

原料准备

长200 mm、直径6 mm以上的香葱12根。

操作步骤

步骤1 将香葱清洗干净，用片刀切去香葱的根须和青叶，留下60 mm长的葱白段，如图2-10所示，共切出12段。

步骤2 将葱白段放在砧板上，顺着葱白段长度，分别在距两端1/3处，采用拉切的刀法，向两端方向拉切出1.5 mm宽的细丝，如图2-11所示。

图2-10 将葱白切成60 mm长的段

a）

b）

图2-11 向两端方向拉切出1.5 mm宽的细丝
　　a）一端　b）另一端

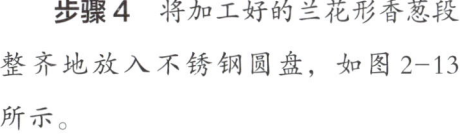

步骤 3 将加工好的葱白段用水浸泡 15 min，如图 2-12 所示，待其呈兰花形后取出。

步骤 4 将加工好的兰花形香葱段整齐地放入不锈钢圆盘，如图 2-13 所示。

图 2-12 将加工好的葱白用水浸泡 15 min

图 2-13 将兰花形香葱段装盘

操作关键

1. 选用新鲜、葱白细嫩、外形饱满、平直粗壮、中间无分枝的香葱。
2. 初步加工时用手撕去葱白外层老叶，不可用片刀划，以免损伤葱白内层。
3. 两端的刀纹长度要对称、间距要均匀，葱丝之间无粘连。

质量指标

1. 兰花形香葱段造型美观，大小均匀。
2. 兰花形香葱段形态完整，无残缺或破损。
3. 两端细丝长度不超过葱白段长度的 1/3，宽度不超过 1.5 mm。
4. 兰花形香葱段的数量一般为 12 段。

兰花形土豆块

操作准备

工具准备

（1）片刀1把。

（2）塑料砧板1个（建议长600 mm，宽400 mm，厚30 mm）。

（3）不锈钢长方盘1个（建议长400 mm，宽300 mm）。

原料准备

长100 mm、直径60 mm的土豆2个，盐少许。

操作步骤

步骤1 用片刀削去土豆外皮，洗净土豆，切成边长50 mm、厚15 mm的正方块，共切出8块。

步骤2 将土豆块放在砧板上，使刀身与土豆表面成直角，与土豆侧面所成角度小于30°，如图2-14所示，采用直刀剞的刀法，在土豆表面剞出间距2 mm的平行直刀纹，刀纹深度为土豆块厚度的4/5。

图2-14 片刀的放置位置

步骤3 将土豆块翻面后放在砧板上，使刀身与土豆表面成直角，同时与反面直刀纹所成角度小于30°，仍采用直刀剞的刀法，在土豆表面剞出间距2 mm的平行直刀纹，刀纹深度为土豆块厚度的4/5，如图2-15所示。

图2-15 翻面后剞平行直刀纹

步骤4 将剞好刀纹的土豆块用清水冲洗,撒上少许盐,双手分别抓住土豆的两端轻轻地向外拉(拉至80~100 mm),再整齐地放入不锈钢长方盘,如图2-16所示。

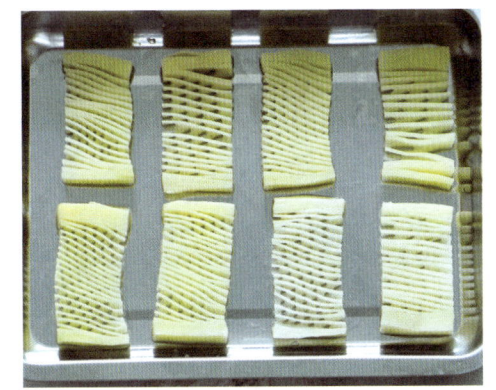

图2-16 将兰花形土豆块装盘

操作关键

1. 选用新鲜、质地坚实的土豆,表皮无干疤、糙皮,内里无黑心,且不发芽、未变绿。

2. 去皮时手法要熟练,保证土豆表面光滑。

3. 要保持刀纹深度一致、间距均匀,正反两面刀纹的交叉角度要小于30°。

质量指标

1. 兰花形土豆块造型美观,大小均匀,边长为50 mm。

2. 兰花形土豆块形态完整,无残缺或破损。

3. 正反两面刀纹的间距不超过2 mm,深度为土豆块厚度的4/5。

4. 兰花形土豆块的数量一般为8块。

兰花形竹笋片

操作准备

工具准备

（1）片刀1把。

（2）塑料砧板1个（建议长600 mm，宽400 mm，厚30 mm）。

（3）不锈钢圆盘1个（建议直径250 mm）。

原料准备

长200 mm、直径30 mm以上的竹笋3根。

图2-17 将竹笋段采用滚料批的刀法批成薄笋片

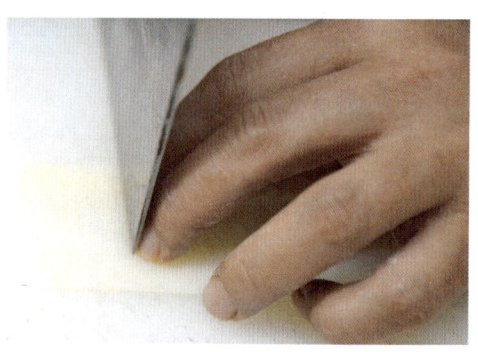

图2-18 在薄笋片上切出细丝

操作步骤

步骤1 将竹笋切成40 mm长的段，共切出12段。

步骤2 将竹笋段放在砧板上，使刀身紧贴砧板，从下部开始，采用滚料批的刀法，批出厚度小于2 mm的薄笋片，如图2-17所示。

步骤3 采用直切的刀法，从薄笋片的一端开始，切出长30 mm（留10 mm不切断）、宽2 mm的细丝，如图2-18所示。

步骤4 将薄笋片有丝的一端向上，将未切断的部分卷成筒状，如图2-19所示。

步骤5 把加工好的兰花形竹笋片整齐地放入不锈钢圆盘，如图2-20所示。

图 2-19 将薄笋片卷成筒状

图 2-20 将兰花形竹笋片装盘

操作关键

1. 选用新鲜、竹节短、外形饱满、平直、肉白细嫩的竹笋，其长短、粗细应均匀，直径在 30 mm 以上。
2. 初步加工时用手剥去笋壳，不可用片刀划，以免损伤笋肉。
3. 将竹笋段批成薄笋片时，进刀要慢，用力要适中。

质量指标

1. 兰花形竹笋片造型美观，大小均匀，高度在 30 mm 左右，直径在 20 mm 以上。

2. 兰花形竹笋片形态完整，无残缺或破损。

3. 刀纹间距不超过 2 mm。

4. 兰花形竹笋片的数量一般为 12 片。

| 原料加工与配菜

任务 3 果菜类原料的精加工

 任务目标

1. 能描述常用果菜类原料的类别和品种
2. 能描述常用果菜类原料的性质和功效
3. 能描述果菜类原料的组织结构
4. 能描述果菜类原料精加工的概念和操作关键
5. 能对果菜类原料进行精加工

 知识准备

一、果菜类原料简介

1. 果菜类原料的类别和品种

果菜类是指以嫩果实或成熟的果实为主要食用部分的一类蔬菜。常用果菜类原料的类别和品种见表 2-6。

表 2-6　常用果菜类原料的类别和品种

类别	品种
茄果类	茄子、番茄、青椒、辣椒等
荚果类	豇豆、四季豆、毛豆、豌豆、蚕豆、扁豆等
瓠果类	黄瓜、南瓜、冬瓜、丝瓜、菜瓜、瓠瓜、蛇瓜等

2. 果菜类原料的性质和功效

果菜类原料富含维生素 C、胡萝卜素、无机盐，以及纤维素、半纤维素、木质素、果胶等。其中，纤维素、半纤维素、木质素、果胶等不易被人体的消化酶水解，能刺激胃肠蠕动和消化液分泌，有利于排便，对促进食欲和帮助消化起重要作用。果菜类原料性质不同，功效也不同，常用果菜类原料的性质和功效见表 2-7。

表 2-7 常用果菜类原料的性质和功效

名称	性质和功效
黄瓜	性寒，味甘，有小毒；清热解毒，利尿，养颜美容
南瓜	性温，味甘，无毒；补中益气，清热解毒，降血脂，降血糖
丝瓜	性平，味甘，无毒；清热化痰，凉血，解毒，通经络，行血脉
茄子	性寒，味甘，有小毒；消热，活血，消肿
番茄	性微寒，味甘酸，无毒；生津止渴，护心保肝，提高机体免疫力

3. 果菜类原料的结构

（1）从外到内的结构有皮、肉、瓤（除荚果）和籽。

（2）从下到上的结构有根、茎、叶和果实。

（3）从微观到宏观的结构有细胞、组织、器官和个体。其中，细胞的结构有细胞壁、细胞膜、细胞核、液泡、细胞质。果菜类植物体的组织主要有保护组织、营养组织、输导组织、机械组织和分生组织。

二、果菜类原料精加工的概念

果菜类原料精加工是指采用直刀法、斜刀法和美化刀法，对一些果菜类原料的局部进行加工，以形成美观刀纹的加工方法。

三、果菜类原料精加工的操作关键

1. 选择可用于精加工的新鲜果菜类原料，如黄瓜、丝瓜、南瓜、茄子等。

2. 初步加工的方法要符合精加工的要求。

3. 熟悉工艺流程的先后顺序。

4. 注意运刀的角度和力度，以及刀纹的长度和深度。

5. 要物尽其用，减少损耗，防止浪费。

知识拓展

一、黄瓜的质量检验方法

优质黄瓜呈翠绿色，表皮鲜嫩带白霜，以顶花带刺为最佳，瓜体直、粗细均匀，无畸形、无折断损伤、无烂点或斑点、无病虫害，皮薄肉厚，水分足，口感清香爽脆，无苦味和异味。

二、南瓜的质量检验方法

优质南瓜瓜体呈金黄色、瓜蒂呈绿色，表皮粗糙、纹路清晰、带白霜，用指甲掐不易掐透，瓜瓣鼓、棱深，外形完整，无损伤、无病虫害、无烂点或斑点，用手拍打发出沉闷的声音，成熟度高，水分少，口感甜而糯。

三、丝瓜的质量检验方法

优质丝瓜呈翠绿色，以顶花带刺为最佳，表皮鲜嫩带白霜，瓜形周正，瓜体直、粗细均匀，无畸形、无折断损伤、无烂点或斑点、无病虫害，皮薄肉厚，口感爽脆，有清香味，无苦味和异味。

四、茄子的质量检验方法

优质茄子呈紫红色或紫黑色，表皮光亮、薄而紧，茄体粗细均匀，重量轻，无烂点、斑点、褶皱或裂口，籽软且籽肉不易分离，用手指轻按茄子表面有厚实感，质地结实有弹性。

五、番茄的质量检验方法

优质番茄表皮光滑、着色均匀，约 3/4 的表皮变成红色，果形圆正、不破裂，果体大而饱满，味道酸甜适口，无病虫害。

项目2　植物性原料精加工

操作技能

佛手形黄瓜块

操作准备

工具准备

（1）片刀1把。

（2）塑料砧板1个（建议长600 mm，宽400 mm，厚30 mm）。

（3）不锈钢圆盘1个（建议直径250 mm）。

原料准备

长250 mm、直径300 mm以上的黄瓜2根。

操作步骤

步骤1　将黄瓜清洗干净，切去两端，再从中间切成均等的两部分，其中一根如图2-21所示。

图2-21　将黄瓜从中间切成均等的两部分

步骤2　取半根黄瓜，将黄瓜皮朝上，横放在砧板上，先切成25 mm宽的长条，再使刀身与黄瓜条成45°角，每隔30 mm切一刀，切出菱形块，如图2-22所示；采用上述方法加工其余的黄瓜，共切出12个菱形块。

图2-22　切出菱形块

步骤3　采用拉刀批的刀法修净瓜瓤，如图2-23所示，注意在距离菱形块其中一个锐角10 mm处要修得薄一些。

步骤4　将修净瓜瓤的黄瓜块放在砧板上，采用直切的刀法，在黄瓜块另一锐角（未修薄）相邻两边上切出长20 mm（留10 mm不切断）、间距1.5 mm的刀纹，如图2-24所示。

/069

| 原料加工与配菜

图2-23 采用拉刀批的刀法修净瓜瓤

图2-25 向下压刀身使刀纹分开

步骤6 将佛手形黄瓜块用清水冲洗一下,将其刀纹向外,整齐地放入不锈钢圆盘,如图2-26所示。

图2-24 在黄瓜块上切出刀纹

步骤5 将刀身按在黄瓜块上相连的部分上,用力向下压使其平整且刀纹分开,如图2-25所示。

图2-26 将佛手形黄瓜块装盘

> **操作关键**
> 1. 选用新鲜、外形饱满、粗壮平直、花刺少的黄瓜,应无干疤、无糙皮、不萎蔫,其长度、直径应符合精加工要求。
> 2. 修瓜瓤时不要划破黄瓜肉和黄瓜皮。
> 3. 刀纹长度、间距应一致,无粘连。

项目 2　植物性原料精加工

质量指标

1. 佛手形黄瓜块造型美观，大小均匀，边长为 30 mm。
2. 佛手形黄瓜块形态完整，无残缺和破损。
3. 刀纹长度不超过 20 mm，刀纹间距不超过 1.5 mm。
4. 佛手形黄瓜块的数量一般为 12 块。

蓑衣形黄瓜块

操作准备

工具准备

（1）片刀 1 把。
（2）塑料砧板 1 个（建议长 600 mm，宽 400 mm，厚 30 mm）。
（3）不锈钢圆盘 1 个（建议直径 250 mm）。

原料准备

长 250 mm、直径 300 mm 以上的黄瓜 2 根。

操作步骤

步骤 1　将黄瓜清洗干净，切去两端，再从中间切成均等的两部分。

步骤 2　取半根黄瓜，将其切成宽 25 mm 的长条，修净瓜瓤；将黄瓜条横放在砧板上，使刀身与砧板所成角度小于 30°，采用反刀批的刀法，在黄瓜条上批出长 20 mm（留 5 mm 不批断）、间距 1.5 mm 的刀纹，如图 2-27 所示。

步骤 3　每隔 30 mm 切一刀，将带刀纹的黄瓜条切成块，如图 2-28 所示；加工其余的黄瓜，共切出 12 个黄瓜块。

图 2-27 在黄瓜片上批出刀纹

图 2-29 将刀身用力向下压使刀纹分开

步骤 5 将蓑衣形黄瓜块用清水冲洗一下，将其刀纹向外，整齐地放入不锈钢圆盘，如图 2-30 所示。

图 2-28 将带刀纹的黄瓜条切成块

步骤 4 顺着黄瓜块上刀纹的方向，在相连部分将刀身用力向下压，使刀纹分开，如图 2-29 所示。

图 2-30 将蓑衣形黄瓜块装盘

操作关键

1. 选用新鲜、外形饱满、粗壮平直、花刺少的黄瓜，应无干疤、无糙皮、不萎蔫，其长度、直径应符合精加工要求。
2. 修净瓜瓤时不要划破黄瓜肉和黄瓜皮。
3. 刀纹长度、间距一致，无粘连。

质量指标

1. 蓑衣形黄瓜块造型美观,大小均匀,长度为 30 mm,宽度为 25 mm。

2. 蓑衣形黄瓜块形态完整,无残缺和破损。

3. 刀纹长度不超过 20 mm,刀纹间距不超过 1.5 mm。

4. 蓑衣形黄瓜块的数量一般为 12 块。

扇形南瓜块

操作准备

工具准备

(1)片刀 1 把。

(2)塑料砧板 1 个(建议长 600 mm,宽 400 mm,厚 30 mm)。

(3)不锈钢圆盘 1 个(建议直径 250 mm)。

原料准备

长 100 mm、直径 200 mm 的南瓜 1 块或直径 200 mm 的南瓜 1 个。

操作步骤

步骤 1 将南瓜去皮、修净瓜瓤、清洗干净,切成边长 40 mm、厚 15 mm 的正方块,如图 2-31 所示,共切出 12 块。

图 2-31 切成边长 40 mm、厚 15 mm 的正方块

步骤 2 将南瓜块放在砧板上,从一端的 1/4 边长处起,用片刀将其另一端修出弧形面,如图 2-32 所示。

步骤 3 使刀身与砧板成 30° 角,采用反刀批的刀法,在南瓜块弧形面的上方从外向里运刀,每隔1.5 mm批一刀,批断30 mm左右,留10 mm左右的弧形部分不批断(即批出连刀片),如图2-33所示。

图2-32　将南瓜块修出弧形面

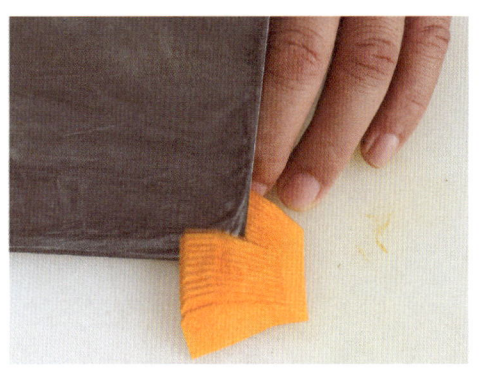

图2-33　将南瓜块批出连刀片

步骤4　用清水将南瓜块清洗干净,将刀身用力按在相连的弧形部分上,将南瓜块按压成扇形,如图2-34所示。

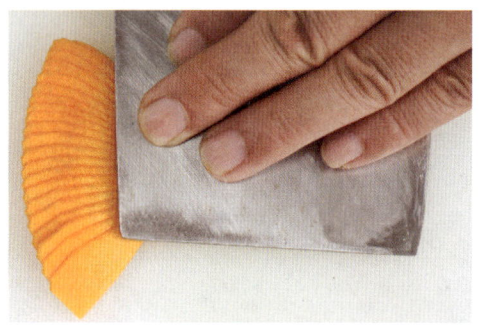

图2-34　将南瓜块按压成扇形

步骤5　将扇形南瓜块整齐地放入不锈钢圆盘,如图2-35所示。

图2-35　将扇形南瓜块装盘

操作关键

1. 选用新鲜的南瓜,其肉质坚实、无空隙。
2. 修瓜瓤时不要划破南瓜肉。
3. 刀纹长度、间距一致,无粘连。

质量指标

1. 扇形南瓜块造型美观，大小均匀，长度为 40 mm。
2. 扇形南瓜块形态完整，无残缺和破损。
3. 刀纹长度不超过 30 mm，刀纹间距不超过 1.5 mm。
4. 扇形南瓜块的数量一般为 12 块。

游龙形丝瓜段

操作准备

工具准备

（1）片刀、刨刀各 1 把。

（2）塑料砧板 1 个（建议长 600 mm，宽 400 mm，厚 30 mm）。

（3）不锈钢长方盘 1 个（建议长 400 mm，宽 300 mm）。

原料准备

长 250 mm、直径 30 mm 以上的丝瓜 3 根。

操作步骤

步骤 1 将丝瓜先用刨刀刨去外皮，再用片刀切去丝瓜的两端，其中一根如图 2-36 所示，将丝瓜中段清洗干净。

图 2-36 取出丝瓜中段

步骤 2 将丝瓜顺长放在砧板上，使刀身与丝瓜表面成直角，同时与丝瓜长度方向所成角度小于 30°，从丝瓜一端开始，采用直刀剞的刀法，在丝瓜表面剞出间距不超过 2 mm 的平行直刀纹，深度为丝瓜直径的 2/3，如图 2-37 所示。

| 原料加工与配菜

图 2-37 在丝瓜表面剞出平行直刀纹

步骤 3 将丝瓜翻面后放在砧板上,在丝瓜的另一面上,使刀身与丝瓜表面成直角,同时与反面直刀纹所成角度小于 30°,仍采用直刀剞的刀法,在丝瓜表面剞出间距 2 mm 的平行直刀纹,深度仍为丝瓜直径的 2/3,如图 2-38 所示。

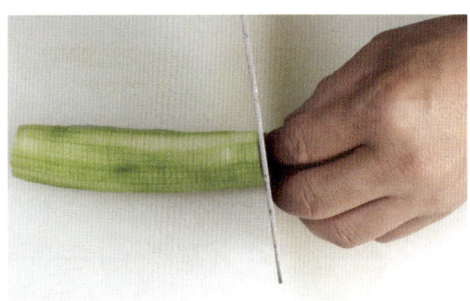

图 2-38 将丝瓜翻面后剞出另一组平行直刀纹

步骤 4 将剞好刀纹的丝瓜放在砧板上,切成 60 mm 长的段,如图 2-39 所示。

图 2-39 将剞好刀纹的丝瓜切成 60 mm 长的段

步骤 5 用清水将丝瓜段冲洗干净,双手分别抓住丝瓜段两端,轻轻地向外拉成游龙形(拉至 80～100 mm),再整齐地放入不锈钢长方盘,如图 2-40 所示。

图 2-40 将游龙形丝瓜段装盘

操作关键

1. 选用新鲜、平直、外形饱满、肉质坚实的丝瓜，应无糙皮、不萎蔫，其长短、粗细应均匀，符合精加工要求。
2. 初步加工时不可划破丝瓜。
3. 刀纹长度、深度相等，间距均匀，无粘连。

质量指标

1. 游龙形丝瓜段造型美观，大小均匀，长度可以延伸至 80 mm 以上。

2. 游龙形丝瓜段形态完整，无残缺和破损。

3. 刀纹间距不超过 2 mm，正反面刀纹深度不超过丝瓜直径的 2/3。

4. 游龙形丝瓜段的数量一般为 12 段。

卷筒形茄子段

操作准备

工具准备

（1）片刀 1 把。
（2）塑料砧板 1 个（建议长 600 mm，宽 400 mm，厚 30 mm）。
（3）不锈钢长方盘 1 个（建议长 400 mm，宽 300 mm）。

原料准备

长 250 mm、直径 30 mm 以上的茄子 3 根。

操作步骤

步骤1 用片刀切去茄子的两端,其中一根如图2-41所示,将茄子中段清洗干净。

图2-41 切出茄子中段

步骤2 将茄子中段切成60 mm长的小段,如图2-42所示,共切出12段。

图2-42 将茄子中段切成60 mm长的小段

步骤3 将茄子段放在砧板上,使刀身与茄子段长度方向成45°角,采用直刀剞的刀法,在茄子表面剞出长约2/3茄子周长、深约2/3茄子直径的刀纹,刀纹间距2 mm,如图2-43所示。

图2-43 在茄子表面剞出刀纹

步骤4 将茄子段向里旋转60°,采用上述方法,在另一面上(茄子周长的1/3)剞出同样规格的刀纹;再将茄子段向里旋转60°,继续加工剩下的一面(茄子周长的1/3)。

步骤5 将加工好的卷筒形茄子段清洗干净,整齐地放入不锈钢长方盘,如图2-44所示。

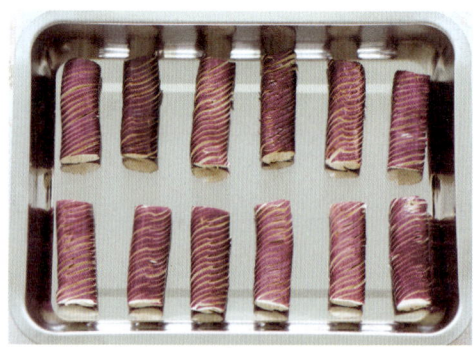

图2-44 将卷筒形茄子段装盘

操作关键

1. 选用新鲜、平直、外形饱满、肉质坚实的茄子，应无糙皮、不萎蔫，其长短、粗细均匀，符合精加工要求。

2. 初步加工时不可划破茄子表皮。

3. 精加工时注意刀身与茄子的角度，保证刀纹长度、深度相等，间距均匀。

质量指标

1. 卷筒形茄子段造型美观，大小均匀，长度在60 mm，直径在30 mm 以上。

2. 卷筒形茄子段形态完整，无残缺和破损。

3. 刀纹间距不超过2 mm，深度是茄子直径的1/3，三面刀纹等分。

4. 卷筒形茄子段的数量一般为12段。

练习与检测

一、判断题（将判断结果填入括号中，正确的填"√"，错误的填"×"）

1. 蔬菜是指可做菜吃的草本植物，不包括一些木本植物的嫩茎、嫩叶和菌类。（　　）

2. 不经过刀工处理的整只或大块原料，无论采用何种烹调方法，加入调料后，只要火候适当，滋味就容易渗入原料内部。（　　）

3. 按用力大小和手、腕、臂的运动方式，直刀法可细分为切、斩、砍、剁等刀法。（　　）

4. 美化刀工能综合运用多种刀法，将原料加工成荔枝形、麦穗形、松鼠形、菊花形等多种美观、栩栩如生的形态。（　　）

5. 植物性原料中鞣酸的处理方法有热处理、冷处理、光照处理、酸化处理和盐化处理。（　　）

二、单项选择题（选择一个正确的答案，将相应的字母填入题内的括号中）

1. 不含较多单宁的果蔬是（　　）。
   A. 茭白　　　B. 茄子　　　C. 土豆　　　D. 苹果

2. 茎用莴苣的叶及茎表皮上有乳汁管，乳汁管因分泌乳汁而使叶及茎具有一定的苦味，乳汁管属于（　　）
   A. 分生组织　　　　　　B. 输导组织
   C. 薄壁组织　　　　　　D. 分泌组织

3. 直刀法不包括（　　）。
   A. 切　　　　B. 劈　　　　C. 斩　　　　D. 批

4. 采用炖、焖、煨等烹调方法时，火候小，时间长，汤汁较多，为避免原料在烹制中碎裂而影响菜肴质量，切原料时要求（　　）。
   A. 丝要粗一些　　　　　B. 片要厚一些
   C. 块或段要大一些　　　D. 丁要大一些

5. 斜刀剞的特点不包括（　　）。
   A. 在运刀时不能将原料剞断　　　B. 在原料上剞出斜刀纹

C. 在原料上剖出直刀纹　　　　　D. 在刀刃剖到一定深度时停刀

三、多项选择题（选择两个或两个以上正确的答案，将相应的字母填入题内的括号中）

1. 植物性原料的薄壁组织非常发达，其（　　　）等基本组织，都是主要食用部分。

　　A. 根与茎的皮层　　　B. 叶子的叶肉组织　　　C. 花器官的各部分

　　D. 种子的胚乳和胚　　E. 果实的果肉

2. 在进行刀工操作时，（　　　）之间必须完全分开，不可似断非断、相互粘连，否则会影响菜肴质量。

　　A. 粒与粒　　　　　　B. 丝与丝　　　　　　C. 片与片

　　D. 条与条　　　　　　E. 丁与丁

3. 刀法在烹饪工艺中的重要意义包括（　　　）。

　　A. 影响菜肴的色、香、味、形

　　B. 促使原料传热均匀而有利于入味

　　C. 美化菜肴形状

　　D. 提高菜肴价值

　　E. 促进消化

4. 丁的加工要求包括（　　　）。

　　A. 作为辅料的丁一般要求小一些，作为主料的丁一般要求大一些

　　B. 质地较老的动物性原料一般先用刀将其肌肉纤维拍松后再切丁

　　C. 应选用韧性、脆性、软性、硬性原料切丁

　　D. 结缔组织较丰富的动物性原料不宜直接切丁

　　E. 结缔组织较丰富的动物性原料应先被切成片，再在两面剖出刀纹，最后切丁

5. 抖刀批的技术要点包括（　　　）。

　　A. 左手按稳原料，右手持刀，从右向左批进原料

　　B. 批进原料后从左向右运刀

　　C. 操作时要上下均匀地抖动刀刃

D. 操作时要左右抖动刀刃

E. 一般先把原料批成水波形厚块，再直切成片

参考答案

一、判断题

1. ×   2. ×   3. ×   4. √   5. ×

二、单项选择题

1. A   2. D   3. D   4. C   5. C

三、多项选择题

1. ABCDE   2. ABCDE   3. ABCDE   4. ABCDE   5. ACE

项目 3　动物性原料精加工

任务导入

家禽类原料的精加工

鱼鳃形鹅肫片
菊花形鸭肫块
荔枝形鸡肫块
荔枝形鸡花
核桃形鸽花

家畜类原料的精加工

麦穗形腰花
蓑衣形肚花
兰花形肚花
荔枝形猪里脊块
鱼鳃形牛柳片

水产品类原料的精加工

菊花形青鱼块
花枝形墨鱼片
鱼鳃形鱿鱼片
卷筒形鱿鱼块
核桃形鲍鱼

动物性原料精加工
- 概念
- 运用实例
- 操作关键
- 刀法
- 原料
- 作用

任务 1 动物性原料精加工基础

 **任务目标**

1. 能描述动物性原料精加工的概念
2. 能选择适用于精加工的动物性原料
3. 能描述动物性原料精加工的作用
4. 能描述动物性原料精加工的操作关键

 知识准备

一、动物性原料精加工的概念

动物性原料精加工是指采用直刀法的切、平刀法的批，结合美化刀法，对部分动物性原料的某个部位进行美化加工的方法。

二、动物性原料精加工的选料要求

1. 可选用动物性原料中肌肉较厚实的部位，如猪腿肉、牛排、鱼中段的肌肉等。
2. 可选用动物性原料中质地较软的部位，如鸡胸肉、猪里脊等。
3. 可选用动物性原料中韧中带脆的部位，如猪肚、猪腰、鸡肫、鸭肫、鱿鱼体等。
4. 可选用动物性原料中无筋的部位，如牛腱等。
5. 不可选用质地细嫩的动物性原料，如猪脑、猪肝等。

三、动物性原料精加工的作用

1. 可以使动物性原料经过烹调后，卷曲成麦穗形、菊花形、兰花形、荔枝形、绣球形、鱼鳃形、蓑衣形、卷筒形等，美化菜肴形态。
2. 可以加速原料的成熟，并保持原料鲜、嫩、脆的特点。
3. 可以使调味汁易于挂在原料上，且易于渗透到原料内部。

四、动物性原料精加工的操作关键

1. 初步加工要符合精加工的要求。

2. 严格按照工艺流程的先后顺序进行加工。

3. 选择正确的刀法将原料加工成形,不能剖穿或剖断原料。

4. 要做到刀纹深浅一致、间距相等。

5. 根据原料的成形特点,按需进行焯水处理,以呈现良好的形态。

/ 原料加工与配菜

任务 2

家禽类原料的精加工

 **任务目标**

1. 能选择适用于精加工的家禽类原料
2. 能描述家禽类原料精加工的主要刀法
3. 能描述家禽类原料精加工的操作关键
4. 能描述家禽类原料精加工的运用实例
5. 能对家禽类原料进行精加工

 知识准备

一、家禽类原料精加工的选料要求

1. 选择家禽类原料中肌肉组织较厚实的部位,如鸡胸肉、鸭胸肉、鸽胸肉等。
2. 选择家禽类原料中质地较软的部位,如鸡里脊、鸭里脊等。
3. 选择家禽类原料中韧中带脆的部位,如鸡肫、鸭肫、鹅肫、鸽肫等。
4. 不可选择家禽类原料中质地细嫩的部位,如鸡肝、鸭肝、鹅肝、鸽肝等。

二、家禽类原料精加工的主要刀法

对家禽类原料进行精加工时,主要采用直刀法中的直切、推切、拉切等刀法,斜刀法中的正刀斜批等刀法,美化刀法中的直刀剞、推刀剞、斜刀剞等刀法。

三、家禽类原料精加工的操作关键

1. 初步加工要符合精加工的要求,有的原料需要先进行去皮处理。
2. 严格按照工艺流程的先后顺序进行加工。
3. 选择正确的刀法将原料加工成形,不能剞穿或剞断原料。

4. 要做到刀纹深浅一致、间距相等。

5. 根据原料的成形特点，按需进行焯水处理，以呈现良好的形态。

四、家禽类原料精加工的运用实例

家禽类原料经过精加工后可以具有美观的形态，如鱼鳃形鹅肫片、菊花形鸭肫块、荔枝形鸡肫块、荔枝形鸡花、核桃形鸽花等。家禽类原料精加工的运用实例见表3-1。

表3-1　家禽类原料精加工的运用实例

形态	适用原料
菊花形	鸡肫、鸡胸肉、鸭肫
鱼鳃形	鸭肫、鹅肫
荔枝形	鸡肫、鸡胸肉、鸭肫、鸭胸肉、鸽胸肉
兰花形	鸡肫、鸭肫、鹅肫

知识拓展

一、鸡各部位的运用

鸡的烹调方法有很多，整鸡可烧、可烤、可炸、可炖，经典菜肴有荷叶糯米鸡、油淋鸡等。通过分档取料的技术处理，鸡的不同部位可以制作成花式多样的菜肴，如用鸡中翅制作贵妃鸡，用鸡翅根制作葫芦鸡翅。鸡胸肉是常用的鸡肉部分之一，特点是肉厚、筋少、质嫩，可切成片、丝、丁等，适用于炒、爆、熘等烹调方法，如制成炒鸡片、鸡肉糁、荷花鸡丁、宫保鸡丁等。鸡里脊可以加工成鸡茸，制成鸳鸯鸡粥、一品莲蓬汤、葵花鸡茸汤等花式菜肴。鸡颈的肉虽少但质地细嫩，适用于烧、卤、炸等烹调方法。鸡爪又称"凤爪"，肉少，富含胶原蛋白，适用于烧、卤、泡、拌等烹调方法。鸡油是良好的食用油脂，要通过加热等手段破坏结缔组织后才能获得。

三杯鸡是江西特色菜，烹调时不放水，加入甜米酒、猪油和酱油各一小杯调味，用炭火将鸡块炖熟。风鸡通常在农历小雪以后制作，此时气候干燥，制品不容易被微生物侵袭，且适于储藏，制作过程集腌制和风干为一体，通常不去毛，制品特点是腊香浓郁。

二、鸭各部位的运用

由整鸭制作的经典菜肴有扬州三套鸭、北京烤鸭、盐水鸭、香酥鸭、锅烧鸭、四川樟茶鸭等，由鸭胸肉制作的经典菜肴有北京名菜酱爆鸭片。鸭除了肌肉、骨骼可用于烹饪，还可用舌、血、心、肝、肫、爪等，使用前要做好整理和清洁工作，如舌要用沸水漂烫后去苔衣，血要凝固后切成块用热水煮熟，心要洗净血污，肝要摘去胆囊，肫要割断嗉囊、食管和肠，爪要去除外皮和爪尖。禽胃由腺胃和肌胃构成。腺胃较小，呈管状，负责分泌胃液。肌胃（俗称肫或砂囊）较大，呈圆形或椭圆形的双凸透镜状，背侧和腹侧的壁很厚，前囊和后囊的壁较薄，肌层发达，肉质紧实且呈暗红色，负责储存和磨碎食物。鸭肫花是芫爆菜肴的主要原料。

板鸭是选用健康的活鸭经过宰杀、去毛、去内脏、水浸、擦盐（干腌）、卤（湿腌）、晾挂风干而制成的腌腊制品，板鸭的特点是干、板、酥、烂和香。

三、鹅各部位的运用

鹅也是烹饪中常用的禽类原料，其肉多肥美，既可以整只用，也可以选用不同部位制作菜肴。用整鹅制作的菜肴有烧鹅仔和明炉烧鹅，用鹅腿制作的菜肴有酸菜焖鹅和干锅荔芋鹅，用鹅胸肉制作的菜肴有盐水鹅方和双椒炒鹅片，其他菜肴还有卤鹅头、卤水鹅翼、鲍汁烧鹅掌、盐水鹅肝等。

四、鸽子各部位的运用

鸽子肉质细嫩，滋味鲜美，营养丰富。经典菜肴有脆皮乳鸽，还可将鸽子与名贵药材如虫草、山参、天麻、当归、茯苓、黄芪等用炖或蒸的烹调方法加工成有食疗作用的养生靓汤。其他花式鸽馐有乳鸽藏珍宝、雀巢鸽宝、鸽戏牛蛙、松仁鸽脯、珍珠乳鸽皇、燕麦炒鸽片等。

项目 3　动物性原料精加工

操作技能

鱼鳃形鹅肫片

操作准备

工具准备

（1）片刀 1 把。
（2）塑料砧板 1 个（建议长 600 mm，宽 400 mm，厚 30 mm）。
（3）瓷圆盘 1 个（建议直径 250 mm）。

原料准备

长约 50 mm 的鹅肫 3 个。

操作步骤

步骤 1　将鹅肫沿胃管剖开，去净污物，撕去内壁的黄皮，清洗干净，再将鹅肫切成均等的两块，修净外壁的老皮，如图 3-1 所示。

步骤 2　将鹅肫块凸出部分向上放在砧板上，使刀刃紧贴砧板，采用推刀剞的刀法，在鹅肫块上剞出间距 1.5 mm 的平行直刀纹，刀纹深至鹅肫块底部 2 mm 处，如图 3-2 所示。

图 3-1　修净鹅肫外壁的老皮

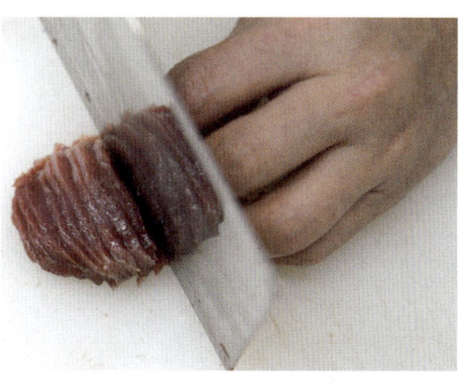

图 3-2　在鹅肫块上剞出平行直刀纹

步骤 3　切去鹅肫块的四周，将鹅肫块旋转 90°，使直刀纹成左右横向，同时使刀身与鹅肫块成 45° 角，采用拉刀批的刀法，批出厚度在 1.5~2 mm 的薄片，如图 3-3 所示，共批 12 片。

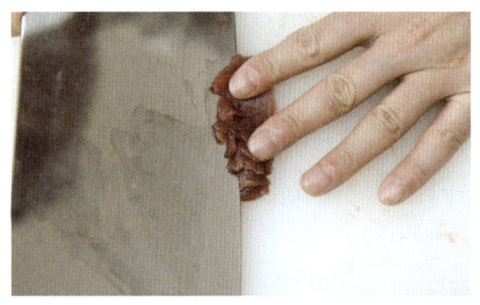

图3-3　将鹅肫块批成薄片

图3-4　将鱼鳃形鹅肫片装盘

步骤4　将鱼鳃形鹅肫片用清水冲洗一下，将其刀纹向外，整齐地放入瓷圆盘，如图3-4所示。

操作关键

1. 选用新鲜、无异味、肉质肥厚、形态完整、大小均匀的鹅肫。
2. 清除鹅肫内壁的污物和黄皮，修净外壁的老皮。
3. 鹅肫片大小均匀，刀纹深浅一致、间距相等。

质量指标

1. 鱼鳃形鹅肫片造型美观，大小均匀。
2. 鱼鳃形鹅肫片形态完整，无残缺和破损。
3. 刀纹深至鹅肫底部2 mm处，刀纹间距不超过1.5 mm。
4. 鱼鳃形鹅肫片的数量一般为12片。

菊花形鸭肫块

操作准备

工具准备

（1）片刀1把。
（2）塑料砧板1个（建议长600 mm，宽400 mm，厚30 mm）。
（3）瓷圆盘1个（建议直径250 mm）。

原料准备

长约40 mm的鸭肫6个。

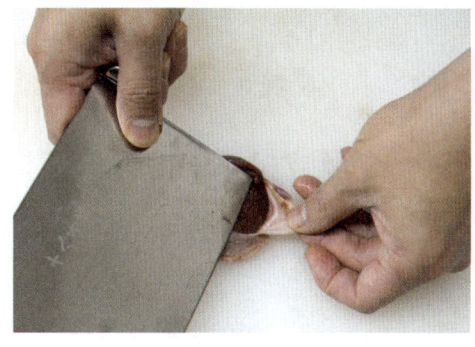

图 3-5　修净鸭肫外壁的老皮

图 3-6　在鸭肫块上剞出一组平行直刀纹

操作步骤

步骤1　将鸭肫沿胃管剖开，去净污物，撕去内壁的黄皮，清洗干净，再将鸭肫切成均等的两块，修净外壁的老皮，如图3-5所示。

步骤2　将鸭肫块凸出部分向上放在砧板上，使刀刃紧贴砧板，采用推刀剞的刀法，在鸭肫块上剞出间距1.5 mm的一组平行直刀纹，刀纹深度是鸭肫块厚度的4/5，如图3-6所示。

步骤3　将鸭肫块旋转90°，采用上述方法，剞出与前一组平行直刀纹互相垂直的另一组平行直刀纹，间距和深度要求同前，如图3-7所示。

步骤4　将鸭肫块翻面使其底部向上，在中间剞一个小的斜十字形花刀纹，如图3-8所示。

| 原料加工与配菜

图 3-7 在鸭肫块上剞出另一组平行直刀纹

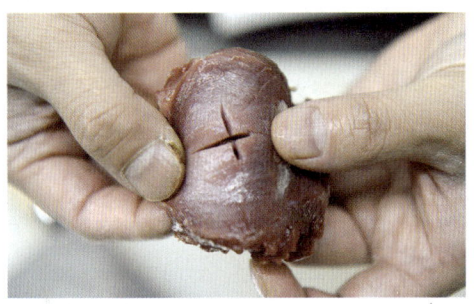

图 3-8 在鸭肫块底部中间剞出斜十字形花刀纹

步骤 5 将菊花形鸭肫块用清水冲洗一下,将其刀纹向上,整齐地放入瓷圆盘,如图 3-9 所示。

图 3-9 将菊花形鸭肫块装盘

操作关键

1. 选用新鲜、无异味、肉质肥厚、形态完整、大小均匀的鸭肫。
2. 清除鸭肫内壁的污物和黄皮,修净外壁的老皮。
3. 鸭肫块大小均匀,刀纹深浅一致、间距相等。

质量指标

1. 菊花形鸭肫块造型美观,大小均匀。
2. 菊花形鸭肫块形态完整,无残缺和破损。
3. 刀纹深浅一致,刀纹间距不超过 1.5 mm。
4. 菊花形鸭肫块的数量一般为 12 块。

荔枝形鸡肫块

操作准备

工具准备

（1）片刀1把。

（2）塑料砧板1个（建议长600 mm，宽400 mm，厚30 mm）。

（3）瓷方盘1个（建议边长250 mm）。

原料准备

长约30 mm 的鸡肫6个。

图3-10　鸡肫块

图3-11　在鸡肫块上剞出一组平行斜刀纹

操作步骤

步骤1　将鸡肫沿胃管剖开，除去污物，撕去内壁的黄皮，清洗干净，再将鸡肫切成均等的两块，修净外壁的老皮。鸡肫块如图3-10所示。

步骤2　将鸡肫块凸出部分向上放在砧板上，使刀刃紧贴砧板，采用拉刀剞的刀法，在鸡肫块上剞出间距5 mm、深至鸡肫块底部2 mm 的一组平行斜刀纹，如图3-11所示。

步骤3　将鸡肫块旋转90°，采用直刀剞的刀法，在鸡肫块上剞出与斜刀纹相交的一组平行直刀纹，间距和深度要求同前，如图3-12所示。

步骤4　将荔枝形鸡肫块用清水冲洗一下，将其刀纹向上，整齐地放入瓷方盘，如图3-13所示。

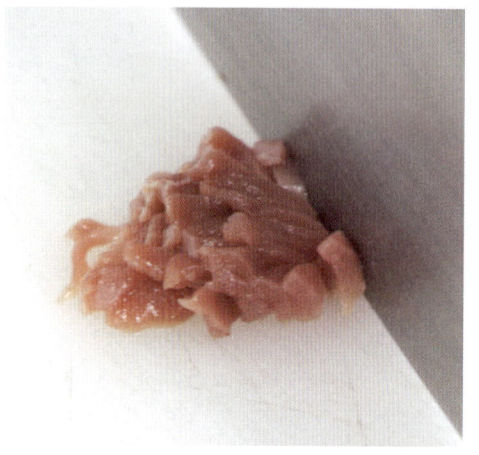

图 3-12　剞出与斜刀纹相交的一组平行直刀纹

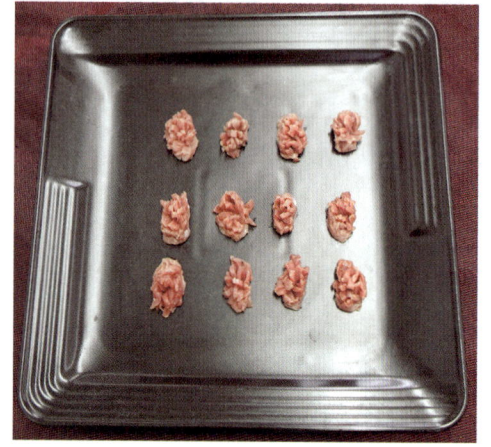

图 3-13　将荔枝形鸡肫块装盘

操作关键

1. 选用新鲜、无异味、肉质肥厚、形态完整、大小均匀的鸡肫。
2. 清除鸡肫内壁的污物和黄皮，修净外壁的老皮。
3. 鸡肫块大小均匀，刀纹深浅一致、间距相等。

质量指标

1. 荔枝形鸡肫块造型美观，大小均匀。
2. 荔枝形鸡肫块形态完整，无残缺和破损。
3. 刀纹深至鸡肫底部 2 mm 处，刀纹间距不超过 5 mm。
4. 荔枝形鸡肫块的数量一般为 12 块。

荔枝形鸡花

操作准备

工具准备

（1）片刀1把。
（2）塑料砧板1个（建议长600 mm，宽400 mm，厚30 mm）。
（3）瓷圆盘1个（建议直径250 mm）。

原料准备

长约120 mm的鸡胸肉3块。

操作步骤

步骤1 将鸡胸肉撕去外皮，清洗干净，将原无皮的一面向上放在砧板上，用片刀修去四周，使刀刃紧贴砧板，采用推刀剞的刀法，在鸡胸肉上剞出间距5 mm的一组平行直刀纹，刀纹深度是鸡胸肉厚度的4/5（也可以采用反刀剞的刀法，剞出间距5 mm的一组平行斜刀纹，刀纹深度是鸡胸肉厚度的3/5），如图3-14所示。

步骤2 将鸡胸肉旋转90°，采用直刀剞的刀法，剞出与前一组平行直刀纹（或平行斜刀纹）相交的另一组平行直刀纹，间距和深度要求同前，如图3-15所示。

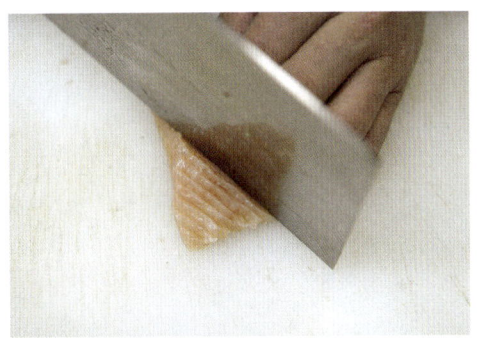

图3-14 在鸡胸肉上剞出一组平行直刀纹

图3-15 在鸡胸肉上剞出另一组平行直刀纹

步骤3 将鸡胸肉翻面，采用直刀法，切出边长为40 mm左右的三角块，如图3-16所示，共切12块。

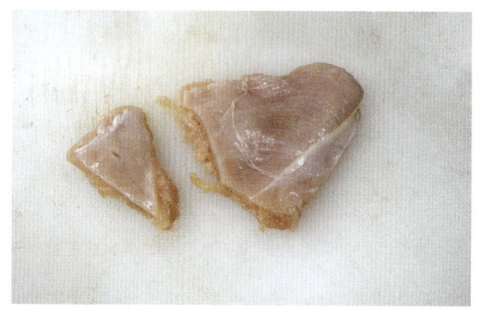

图 3-16 切出边长为 40 mm 左右的三角块

步骤 4 将荔枝形鸡花用清水冲洗一下，将其刀纹向上，整齐地放入瓷圆盘，如图 3-17 所示。

图 3-17 将荔枝形鸡花装盘

操作关键

1. 选用新鲜、肌肉厚实、无异味、形态完整、大小均匀的鸡胸肉。
2. 清除鸡胸肉的外皮并清洗干净。
3. 切三角块时应保证形态完整、大小均匀，边长为 40 mm 左右。
4. 刀纹深浅一致、间距均匀。

质量指标

1. 荔枝形鸡花造型美观，大小均匀。
2. 荔枝形鸡花形态完整，无残缺和破损。
3. 斜刀纹深度是鸡胸肉厚度的 3/5，直刀纹深度是鸡胸肉厚度的 4/5。
4. 荔枝形鸡花的数量一般为 12 块。

核桃形鸽花

操作准备

工具准备

（1）片刀1把。

（2）塑料砧板1个（建议长600 mm，宽400 mm，厚30 mm）。

（3）瓷圆盘1个（建议直径250 mm）。

原料准备

重约400 g的光鸽4只。

操作步骤

步骤1 运用分档取料的方法，取下鸽胸肉，撕去外皮，清洗干净，其中一只如图3-18所示。

步骤2 将鸽胸肉原无皮的一面向上放在砧板上，使刀刃紧贴砧板，采用直刀剞的刀法，在鸽胸肉上剞出间距3 mm的一组平行直刀纹，刀纹深至鸽胸肉底部1 mm处；将鸽胸肉旋转90°，采用上述方法，在鸽胸肉上剞出与前一组平行直刀纹互相垂直的另一组平行直刀纹，间距和深度要求同前，如图3-19所示。

图3-18 取出鸽胸肉

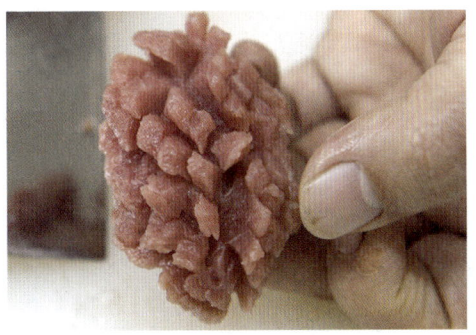

图3-19 在鸽胸肉上剞出两组互相垂直的平行直刀纹

步骤3 将鸽胸肉翻面，使其底部朝上，采用直刀法切出3个三角块（即核桃形鸽花），如图3-20所示；采用上述方法，加工另外3只光鸽的鸽胸肉，共切出12块。

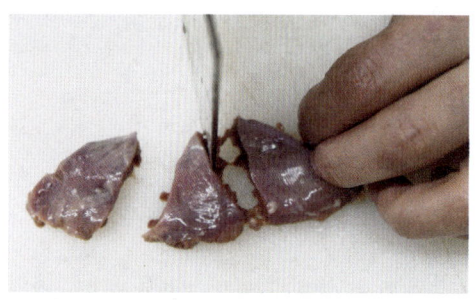

图3-20 切出3个三角块

步骤4 将核桃形鸽花用清水冲洗一下，将其刀纹向上，整齐地放入瓷圆盘，如图3-21所示。

图3-21 将核桃形鸽花装盘

操作关键

1. 选用新鲜、肌肉厚实、无异味、形态完整、大小均匀的鸽胸肉。
2. 清除鸽胸肉的外皮。
3. 切三角块时要保证形态完整、大小均匀。
4. 刀纹深浅一致、间距均匀。

质量指标

1. 核桃形鸽花造型美观，大小均匀。
2. 核桃形鸽花形态完整，无残缺和破损。
3. 刀纹深至底部1 mm，刀纹间距不超过3 mm。
4. 核桃形鸽花的数量一般为12块。

项目3 动物性原料精加工

任务3 家畜类原料的精加工

任务目标

1. 能描述家畜类原料的概念和性质
2. 能描述常用家畜类原料的品种、结构和特点
3. 能选择适用于精加工的家畜类原料
4. 能描述家畜类原料精加工的主要刀法
5. 能描述家畜类原料精加工的操作关键
6. 能描述家畜类原料精加工的运用实例
7. 能进行家畜类原料的精加工

知识准备

一、家畜类原料简介

1. 家畜类原料的概念

家畜类原料主要是指猪、牛、羊的肉及其制品,部分地区还包括兔、驴和骡子。兔的品种很多,用于烹饪的主要是肉用兔和皮肉兼用兔。兔的瘦肉比例较高,肉质软、呈粉红色、微带草腥气味。家畜类原料是人们主要的肉食来源,也是中餐烹饪的重要原料之一。从广义上讲,家畜肉是指家畜经屠宰后,除去毛、头、尾、四肢和内脏,保留板油、肌肉和骨骼的部分,因其带骨又称带骨肉或白条肉;从狭义上讲,家畜肉是指家畜胴体中的可食用部分,即除去骨的部分,又称净肉。

2. 家畜类原料的性质

家畜类原料的性质包括物理性质、生物化学性质和营养性质,其中生物化学性质和营养性质主要取决于其化学组成。下面主要介绍物理性质和营养性质。

（1）物理性质。家畜类原料的物理性质主要是指肌肉的密度、比热容、导热系数、色泽、气味、嫩度等。

（2）营养性质。家畜类原料肌肉的蛋白质由肌原纤维蛋白、肌浆蛋白（包括肌红蛋白、酶蛋白等）、肌基质蛋白、血红蛋白等组成，其中血红蛋白的含量随屠宰时放血量的不同而变化较大，但肌肉的固有红色是由肌红蛋白所决定的。家畜类原料的脂肪组织还有少量的磷脂和固醇；肌肉中脂肪的含量直接影响肌肉的持水性和嫩度，而脂肪酸的组成则在一定程度上决定了肌肉的风味。肌间脂肪使肌肉的横断面呈现大理石样纹理，可防止水分在加热过程中蒸发，使菜肴中的畜肉质地细嫩、风味鲜美。可以通过加热等手段破坏家畜类原料的结缔组织，提取油脂。家畜类原料肌肉中的浸出物是指除蛋白质、盐类、维生素外，能溶解于水的浸出性物质，包括含氮浸出物和无氮浸出物。家畜类原料肌肉中的维生素主要是 B 族维生素；器官中也含有大量的维生素，主要是脂溶性维生素。家畜类原料肌肉含有大量的无机盐，以钾盐、磷盐居多。家畜类原料肌肉中的碳水化合物含量较少，主要以糖原形式存在。

家畜类原料骨组织由特殊的骨细胞和细胞间质组成，是一种极坚硬的结缔组织。其中，细胞间质除了含有大量的骨盐，还含有糖类、蛋白质复合体、胶原纤维、脂类等成分。

相关链接

动物肌肉的持水性是指肌肉对不易流动水的保持能力。从微观角度来看，影响肌肉中不易流动水含量的主要因素包括蛋白质凝胶结构的间隙封闭程度和蛋白质分子的引力大小。

3. 家畜类原料的结构

家畜类原料主要由肌肉组织、脂肪组织、结缔组织和骨骼组织四部分构成，这四部分的结构、性质依家畜的种类、品种、年龄、性别、营养状况而异，直接影响肉品的质量、加工用途和商品价值。

肌肉组织主要由骨骼肌、心肌和平滑肌组成。脂肪组织含量变化较大，取决于家畜的种类、品种、年龄、性别和肥育度。肌肉组织和脂肪组织是肉的营养价值所在，占全肉的比例越大，肉品的质量越好，食用价值和商品价值越高。结缔组织由细胞（包括纤维细胞，如胶原纤维、弹性纤维和网状纤维）和细胞间质组成，是构成肌腱、筋膜、韧带、肌肉内外膜、血管和淋巴结的主要成分。结缔组织与肉的疏松程度有密切关系，动物性原料一般较疏松，因为其结缔组织所含的胶原纤维和弹性纤维较多，而网状纤维较少。骨骼组织由骨膜、骨质及骨髓构成，难以食用、吸收。骨骼组织在家畜类原料中占比越高，肉品的质量越差。

二、常用的家畜类原料

1.猪

（1）猪的品种。猪按食用用途不同，可分为瘦肉型猪、脂肪型猪和肉脂兼用型猪。

（2）猪的结构。猪的结构和分档如图3-22所示。猪后腿经过分档，可分出臀尖肉、三叉肉、弹子肉、坐臀肉、黄瓜条肉和摩裆肉六块肌肉。

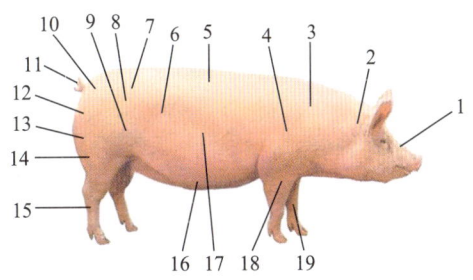

图3-22 猪的结构和分档

1—猪头 2—槽头 3—上脑肉 4—夹心肉 5—通脊 6—里脊 7—臀尖肉 8—三叉肉
9—弹子肉 10—坐臀肉 11—猪尾 12—黄瓜条肉 13—摩裆肉 14—后肘
15—后蹄 16—奶脯 17—腰方肉 18—前肘 19—前蹄

腰方肉又称五花肉，其肥瘦相间，上部为硬五花，下部为软五花。通脊又称外脊，位于大梁骨外侧。里脊形如扁担，位于通脊下方，其肉质细嫩，可用于氽、炒、爆、熘等烹调方法。火腿是腌制品的代表，是用猪后腿经修整、腌制、洗晒、整形、发酵、堆叠等多道工序制成的，较为著名火腿有浙江金华火腿（南腿）、江苏如皋火腿（北腿）和云南宣威火腿（云腿）。

> **相关链接**
>
> 经典菜肴九转大肠所用原料为猪大肠，猪大肠肌肉属于平滑肌，其肌纤维呈梭形，无横纹，常重叠成层或束，有时则分散在结缔组织中，肌束膜薄而不明显，肉质具有脆韧性。

（3）猪肉的特点。猪肉味甘咸、性平，具有滋阴润燥的功能。其肌肉组织细嫩，肌肉纤维细而柔软，肉色较淡；其结缔组织少而柔软；其脂肪组织熔点较低，肥膘较厚，持水性较好，无腥膻味，风味良好，易被人体消化吸收，特别是梅花肉的肌间脂肪比其他畜肉多。猪的肌肉组织因含有肌红蛋白和血红蛋白而呈淡红色，一般肌红蛋白的含量比较稳定。影响猪肉色泽的因素有空气中氧的浓度、猪生长过程中肌肉的活动量、猪的种类、猪的年龄和血红蛋白含量。

2. 牛

（1）牛的品种。国内牛按品种可分为黄牛、水牛、牦牛、奶牛等，其中最不适宜烹饪的是水牛。黄牛的肉质较好，肌间脂肪呈淡黄色。

（2）牛的结构。牛的结构和分档如图3-23所示。牛的肌肉组织在其胴体上分布不均匀，质量也不同，肌肉质量较好的部位是腿部、背部和臀部，肌肉较少、质

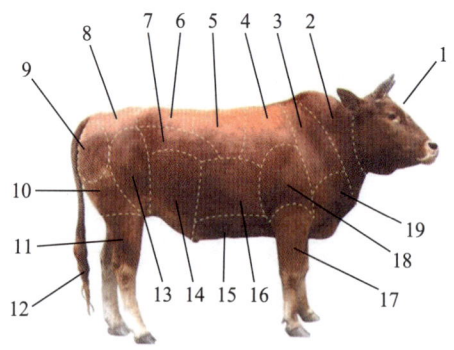

图 3-23 牛的结构和分档

1—牛头 2—脖肉 3—颈肉 4—上脑 5—眼肉 6—通脊 7—里脊 8—臀肉
9—米龙 10—黄瓜条肉 11—后腿 12—牛尾 13—霖肉 14—牛腩
15—胸腹肉 16—带骨腹肉 17—前腿 18—肩肉 19—前胸肉

量较差的部位是腹部。牛肉的结缔组织多而坚硬，约占胴体的 15%～20%。牛肉是一种良好的肉用原料，原因是其肌肉组织占比高。

里脊在通脊下方，呈长条形，质嫩，适用于爆、炒、熘等烹调方法。常见的菲力牛排就属于里脊。

（3）牛肉的特点和作用。牛肉性温，具有温补脾胃、益气养血、强壮筋骨、消肿利水的作用。人多食牛肉可增长肌肉，提高免疫力，促进病体康复，有助于缺铁性贫血的治疗。

牛肉含有高质量的蛋白质，各种氨基酸的比例与人体蛋白质中各种氨基酸的比例基本一致，其中肌氨酸的含量比任何其他食物都高。牛肉的脂肪含量很低，富含共轭亚油酸。牛肉含有肉碱和丰富的无机盐，含有较多的铁元素。牛肉含有 B 族维生素，包括烟酸、维生素 B_1、维生素 B_2 等。

牛肉肉质较为粗老，肌肉纤维粗而长，但有弹性和特殊风味，一经加热，其蛋白质收缩变性、失水严重，因而不易烧烂，除注意选用烹调方法外，还应在烹调前对牛肉进行嫩化处理（加水、鸡蛋、苏打粉或木瓜蛋白酶），以保证菜肴的质量。

牛肉的持水性表现为在冷冻、冷藏、解冻、腌制、绞碎、斩拌、压榨、加热等加工处理过程中，具有能牢固地保持自身本来的水分和后添加的水分的性质。影响牛肉持水性的因素有很多，如牛的种类、牛肉的部位、牛宰杀前的生理状态、牛宰杀后的保存方法、烹调方法等。

3. 羊

（1）羊的品种。羊按品种可分为绵羊、山羊、羯羊等。绵羊的肌肉和脂肪膻味都较重，品质要优于山羊。经过育肥的绵羊，其主要特点是肉质坚脆，膻味轻，有适量的肌间脂肪。肉脂兼用绵羊个体大，肉质细嫩，肌肉中脂肪多，切面呈现大理石样纹理，肉用价值高于其他品种的羊。经阉割后的羊称为羯羊，其主要特点是肉色较浅，肉质肥美而坚脆，质量优于一般绵羊和山羊。

目前，餐饮行业常用一种咸草小羊肉，是指出生不足一年的咸草羊的肉。咸草羊食用含有盐分的草，其肉质嫩，没有膻味。

（2）羊的结构。羊的结构和分档如图 3-24 所示。

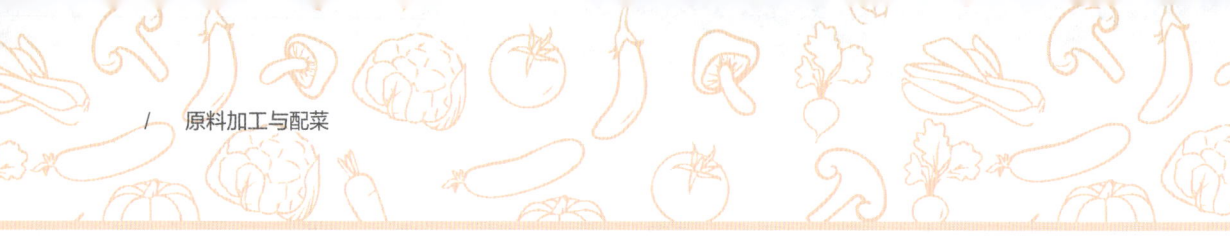

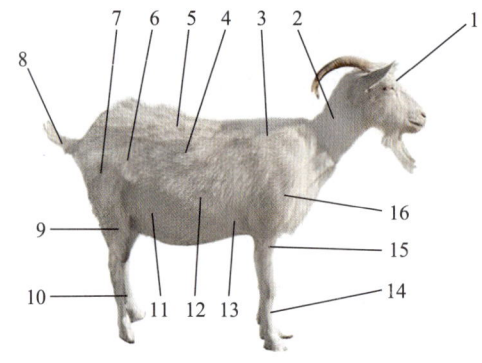

图 3-24 羊的结构和分档

1—羊头　2—颈肉　3—上脑　4—里脊　5—通脊　6—黄瓜条肉　7—后腿　8—羊尾　9—后腱
10—后蹄　11—羊腩　12—肋腹　13—胸口　14—前蹄　15—前腱　16—前腿

在烹饪领域，用途较广的羊肉部位是后腿和脊背上的肉。

（3）羊肉的特点。羊肉性热、味甘，具有温中健脾、补肾壮阳、益气养血的作用，羊肉对一般风寒咳嗽、慢性气管炎、虚寒哮喘、肾亏阳痿、腹部冷痛、体虚怕冷、腰膝酸软、面黄肌瘦、气血两亏、病后或产后身体虚亏等均有补益效果，最适宜于冬季食用，故被称为冬令补品。

羊肉具有蛋白质含量高、必需氨基酸含量高的特点，还含有丰富的维生素和钙、磷、铁等无机盐重要元素，而且脂肪含量低、脂肪层薄，其脂肪主要沉积在皮下和内脏器官周围。羊肉的胆固醇含量较低，是忌食高胆固醇食物人群比较理想的食物。羊肉中含有中等碳链长度且带支链的挥发性脂肪酸，这种挥发性脂肪酸是羊肉膻味的主要来源。羊肉中结缔组织的含量与其肉质嫩度有一定关系，结缔组织越多，肉质嫩度越低，肉质越差。

三、家畜类原料精加工的选料要求

1. 选择家畜类原料中无骨、无筋和肌肉组织较厚实的部位，如猪通脊和猪后腿肉、牛里脊和牛霖肉等。

2. 选择家畜类原料中质地软中带韧的部位，如猪腰、猪肚等。

3. 不可选择家畜类原料中带骨或质地坚硬或带有粗厚筋膜的部位，如猪腰方肉和猪肘、牛胸腹肉和牛腱等。

4. 不可选择家畜类原料中质地细嫩的部位，如猪脑等。

四、家畜类原料精加工的主要刀法

对家畜类原料进行精加工时，主要运用直刀法中的直切、推切、拉切等刀法，斜刀法中的正刀斜批等刀法，美化刀法中的直刀剞、推刀剞、斜刀剞等刀法。

五、家畜类原料精加工的操作关键

1. 初步加工要符合精加工的要求，有的原料需要先进行去皮处理。
2. 严格按照工艺流程的先后顺序进行加工。
3. 选择正确的刀法将原料加工成形，不能剞穿或剞断原料。
4. 要做到刀纹深浅一致、间距相等。
5. 根据原料的成形特点，按需进行焯水处理，以呈现良好的形态。

六、家畜类原料精加工的运用实例

家畜类原料经过精加工后可以具有美观的形态，如麦穗形腰花、蓑衣形肚花、兰花形肚花、荔枝形猪里脊块、鱼鳃形牛柳片等。家畜类原料精加工的运用实例见表 3-2。

表 3-2　家畜类原料精加工的运用实例

形态	适用原料
菊花形	猪肚、猪腰
鱼鳃形	猪腰、猪肺、猪肝、牛肝、牛里脊、羊肝
麦穗形	猪腰
麻花形	猪腰、猪里脊、牛霖肉、牛里脊
核桃形	猪肚、猪里脊、牛里脊
蓑衣形	猪腰、猪肚
兰花形	猪肚、猪坐臀肉
荔枝形	猪腰、牛霖肉、猪里脊

 **知识拓展**

一、家畜类原料的质量检验方法

家畜类原料的质量检验主要是通过感官检验法来进行的。例如,主要通过视觉检验原料的外观、色泽以及脂肪、骨髓和煮沸后肉汤的状况;主要通过触觉检验原料的黏度、硬度和弹性;通过嗅觉检验原料的气味,并综合其他检验情况来确定原料的新鲜程度。根据新鲜程度可将家畜肉分为新鲜的肉、不新鲜的肉和腐败的肉三种。

1. 家畜肉的质量检验

(1)外观与色泽。新鲜的肉外观清洁,断面刀口整齐,色泽均匀,呈淡红色;不新鲜的肉断面刀口毛糙,色泽较暗;腐败的肉变黑,新切的断面呈暗灰色。

(2)脂肪的状况。新鲜的肉脂肪分布均匀,如猪肉和羊肉的脂肪呈白色,牛肉的脂肪呈淡黄色或黄色。不新鲜的肉其脂肪无法保持原有色泽,呈灰色且无光泽,表面有污秽和霉菌。腐败的肉其脂肪呈淡绿色。

(3)骨髓的状况。新鲜肉的骨腔内充满呈长条状的骨髓,手感较硬且略有弹性,在骨头折断处可见黄色的骨髓。不新鲜肉的骨髓与骨腔之间有较小的空隙,手感较软,呈较暗的灰色或白色,在骨头折断处无光泽。腐败肉的骨髓与骨腔有较大的空隙,骨髓变形软烂,有的甚至被细菌侵染,出现黏液且色暗,并有腥臭味。

(4)煮沸后肉汤的状况。新鲜肉的肉汤透明澄清,冷却后脂肪会凝聚于表面,具有浓郁的鲜香味。不新鲜肉的肉汤浑浊,脂肪呈小油滴状浮于表面,无鲜香味。腐败肉的肉汤带有絮片,有霉变腐臭味,表面几乎不见油滴。

(5)黏度。新鲜的肉外表微干或有一层薄薄的干爽表皮(风干膜),但不黏手,肉汁透明不浑浊;不新鲜的肉外表有一层潮湿、暗灰色的风干膜,肉汁浑浊,并有较多黏液;腐败的肉表面湿润、黏滑。

(6)硬度与弹性。新鲜的肉质密而有硬度,但富有弹性,用手指按压后凹陷处能立即恢复。与新鲜的肉相比,不新鲜的肉硬度较差,手感柔软,弹性小,用手指按压后凹陷处恢复较慢,且不能完全恢复。腐败的肉硬度更差,手感松软而无弹性,用手指按压后凹陷不能复原。严重腐败的肉松弛而无弹性,用手指按压甚至能将肉按穿。

（7）气味。新鲜的肉具有家畜正常的特有气味和刚宰杀后不久的内脏气味，经冷藏后稍带腥味。不新鲜的肉有微酸或霉臭气味或氨味，有时表层有腐败气味。腐败的肉有较重的腐败气味和脂肪的酸败气味。

2. 家畜内脏的质量检验

（1）心。新鲜的心用手挤压会有鲜红色血块排出，组织坚韧、有弹性，外表有光泽，有血腥味。

（2）肝。新鲜的肝呈褐色或紫红色，外表有光泽，组织紧实、有弹性。

（3）肺。新鲜的肺呈粉红色，外表有光泽，组织有弹性，有腥味。

（4）肾。新鲜的肾呈浅红色，表面有完整的膜，组织柔软、有弹性。

（5）肚。新鲜的肚一面呈浅黄色，另一面呈白色，有光泽，黏液多，组织坚韧、紧实、有弹性。

（6）肠。新鲜的肠色泽发白，黏液多，组织质地较软。

二、家畜类原料的保管方法

家畜类原料的保管方法有低温保藏法、脱水保藏法、密封保藏法、高温灭菌保藏法、腌渍和烟熏保藏法。

1. 鲜肉的保管

先将鲜肉用保鲜袋或保鲜膜包好包严，再放入温度在 0~5 ℃的冰箱内冷藏。注意冷藏时间不要太长，一般不要超过 3 天。

2. 冻肉的保管

冻肉可分为冷却肉和冷冻肉两种。

（1）冷却肉。短时间存放的鲜肉可进行冷却处理，以使肉中心温度降低到 0~1 ℃。在将鲜肉放入冷库前，先将冷库温度降到 -4 ℃左右；待鲜肉冷却后，保持冷库温度为 -1~0 ℃。猪肉的冷却时间为 24 h，冷却后可保存 5~7 天。经过冷却的肉，其表面形成一层干膜，从而阻止细菌生长，并减缓水分蒸发，延长保存时间。

（2）冷冻肉。将肉品经过快速、深度冷冻，使其中的大部分水冻结成冰，这种肉品称为冷冻肉。冷冻肉比冷却肉更耐储藏。为提高冷冻肉的质量，使其在解冻后恢复原有的滋味和营养价值，目前多采用速冻法，即将肉品放入 −40 ℃ 的速冻间，使肉温很快降低到 −18 ℃ 以下，然后移入冷库。冷库的温度要低于 −18 ℃，肉品的中心温度要保持在 −15 ℃ 以下。冷冻时，温度越低，肉品的储藏时间越长。在 −18 ℃ 条件下，猪肉可保存 4 个月；在 −30 ℃ 条件下，猪肉可保存 10 个月以上。

储藏肉品的冷库应符合卫生要求，每批肉品入库前都要进行清理、消毒，存放时，不同品种的肉要隔离存放，防止互相串味而影响质量。

肉品的保管时间建议不要超过 12 个月，时间长了会产生毒素，这种毒素对人体有害。

 操作技能

麦穗形腰花

操作准备

工具准备

（1）片刀 1 把。

（2）塑料砧板 1 个（建议长 600 mm，宽 400 mm，厚 30 mm）。

（3）瓷圆盘 1 个（建议直径 250 mm）。

（4）漏勺 1 把。

原料准备

新鲜猪腰 2 个。

操作步骤

步骤 1　撕去猪腰的外膜，将其平放在砧板上，采用平刀批的刀法，从猪腰中间进刀，将其批成左右两片，其中一个猪腰批分后如图 3-25 所示；再采用平刀批的刀法，批去猪腰中间的脂肪（俗称腰膻），如图 3-26 所示，清洗干净。

步骤 2　将一片猪腰光面向下、原有外膜一面向上，顺长平放在砧板上，使刀身与猪腰表面所成角度小于 30°，

同时与原料边端所成角度为45°，采用反刀剞的刀法，剞出间距为1.5 mm、深度为3/5猪腰厚度的一组平行斜刀纹，如图3-27所示。

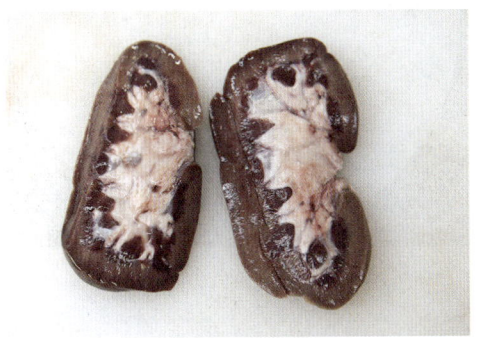

图3-25 将一个猪腰批成左右两片

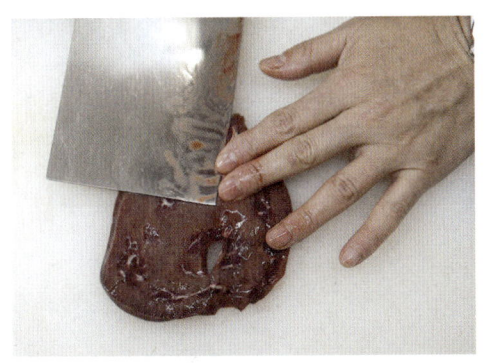

图3-26 批去猪腰中间的脂肪

图3-27 在猪腰上剞出一组平行斜刀纹

步骤3 将剞好斜刀纹的猪腰旋转90°，采用直刀剞的刀法，剞出间距为1.5 mm、深度为4/5猪腰厚度、与斜刀纹相交的一组平行直刀纹，如图3-28所示。

图3-28 在猪腰上剞出一组平行直刀纹

步骤4 采用直切的刀法，使刀身与猪腰表面成直角，同时与直刀纹所成角度为30°左右，切出长60 mm左右、宽25 mm左右的腰花3块；采用上述方法加工其余的猪腰片，共切12块腰花，其中两块如图3-29所示。

图3-29 两块腰花

步骤5 将腰花用清水冲洗一下，放入沸水锅内焯水，等其卷曲成形后捞出，再用清水冲洗一下，将其刀纹向上，整齐地放入瓷圆盘，如图3-30所示。

图3-30 将麦穗形腰花装盘

操作关键

1. 选用新鲜、无异味、形态完整的猪腰，其大小、厚薄应均匀。
2. 要清除猪腰的外膜和腰臊。
3. 反刀剞时，刀身与猪腰表面所成角度应小于30°，可将刀跟往上提，用刀尖剞，应控制好刀纹的深度，保证刀纹间距均匀。

质量指标

1. 麦穗形腰花造型美观，卷曲自然，长60 mm左右，宽25 mm左右，大小均匀。

2. 麦穗形腰花形态完整，无残缺和破损。

3. 斜刀纹深度为猪腰厚度的3/5，直刀纹深度为猪腰厚度的4/5，刀纹间距均不超过1.5 mm。

4. 麦穗形腰花的数量一般为12块。

蓑衣形肚花

操作准备

工具准备

（1）片刀1把。

（2）塑料砧板1个（建议长600 mm，宽400 mm，厚30 mm）。

（3）瓷圆盘1个（建议直径250 mm）。

原料准备

新鲜猪肚1个，白醋适量。

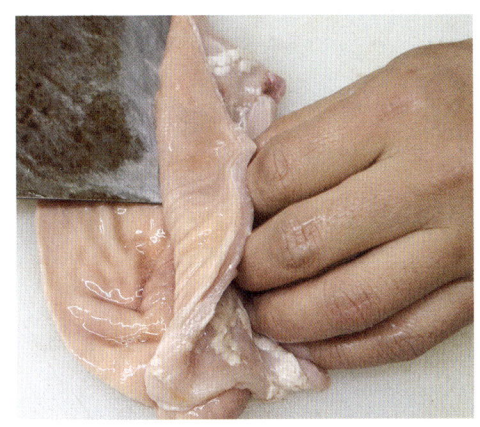

图 3-31　将猪肚批成两片

图 3-32　将猪肚切成宽60 mm的长方块

操作步骤

步骤1　用手撕去猪肚壁上的脂肪，用片刀刮去白色茧皮，加入适量白醋，用手揉搓出正反壁上的黏液，反复清洗至干净；将猪肚平放在砧板上，采用拉刀批的刀法，从猪肚中间进刀，如图3-31所示，将其批成两片。

步骤2　切下肚尖及较厚实的部分，采用拉切的刀法，将剩下的猪肚切成两块宽60 mm的长方块，如图3-32所示。

步骤3　取一块猪肚，将其毛面向上，平放在砧板上，采用直刀剞的刀法，使刀身与猪肚的长边平行，剞出间距为2 mm、深度为4/5猪肚厚度的一组平行直刀纹，如图3-33所示。

图 3-33 在猪肚毛面上剖出一组平行直刀纹

步骤 4 将剖好直刀纹的猪肚翻面（光面向上），仍采用直刀剖的刀法，使刀身与猪肚长边成 30°角，剖出间距为 2 mm 左右、深度为 4/5 猪肚厚度、与反面直刀纹相交的另一组平行直刀纹，如图 3-34 所示。

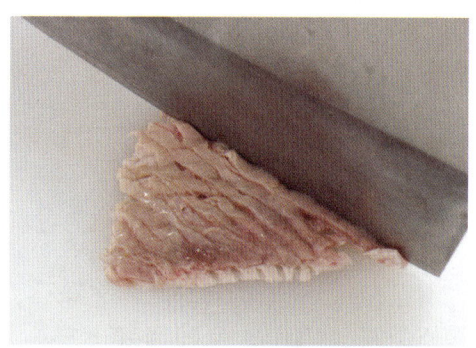

图 3-34 在猪肚光面上剖出另一组平行直刀纹

步骤 5 将两面剖好直刀纹的猪肚旋转 90°，将其毛面向上，横放在砧板上，采用拉刀剖的刀法，使刀身与猪肚表面成 45°角，第一刀先批去猪肚边，再沿此角度，间隔 10 mm 剖一刀，刀纹深度是猪肚厚度的 2/3，在间隔 30 mm 时批断猪肚，批出蓑衣形肚花，如图 3-35 所示；继续先剖后批，并加工另一块猪肚，共形成 12 个长 60 mm、宽 30 mm 的蓑衣形肚花。

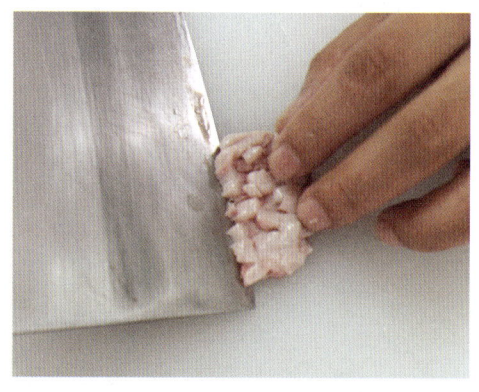

图 3-35 批出蓑衣形肚花

步骤 6 将蓑衣形肚花用清水冲洗一下，用手拉开，将其刀纹向上，整齐地放入瓷圆盘，如图 3-36 所示。

图 3-36 将蓑衣形肚花装盘

项目3　动物性原料精加工

操作关键

1. 选用新鲜、厚实、形态完整、无异味的猪肚。
2. 清除猪肚的脂肪、白色茧皮和黏液。
3. 控制好刀纹的深度,保持间距均匀。

质量指标

1. 蓑衣形肚花造型美观,长60 mm,宽30 mm,大小均匀。

2. 蓑衣形肚花形态完整,无残缺和破损。

3. 直刀纹深至猪肚厚度的4/5,间距2 mm。

4. 蓑衣形肚花的数量一般为12块。

兰花形肚花

操作准备

工具准备

（1）片刀1把。
（2）塑料砧板1个（建议长600 mm,宽400 mm,厚30 mm）。
（3）瓷圆盘1个（建议直径250 mm）。

原料准备

新鲜猪肚1个,白醋适量。

操作步骤

步骤1　用手撕去猪肚壁上的脂肪,用片刀刮去白色茧皮,加入适量白醋,用手揉搓出正反壁上的黏液,反复清洗至干净,将猪肚平放在砧板上,采用拉刀批的刀法,从猪肚中间进刀,将其批成两片;切下肚尖及较厚实的部分,采用拉切的刀法,切出12个边长40 mm的猪肚块,如图3-37所示。

图 3-37 切出 12 个边长 40 mm 的猪肚块

步骤 2 取一块猪肚,将其毛面向上,平放在砧板上,采用直刀剞的刀法,使刀身与猪肚边平行,剞出间距为 1.5 mm、深度为 4/5 猪肚厚度的一组平行直刀纹,如图 3-38 所示。

图 3-38 在猪肚上剞出一组平行直刀纹

步骤 3 将剞好直刀纹的猪肚翻面,采用直刀剞的刀法,使刀身与猪肚毛面的直刀纹成 30° 角,剞出另一组平行直刀纹,间距和深度要求同前,如图 3-39 所示;采用上述方法,在其余猪肚块上剞直刀纹。

图 3-39 在猪肚上剞出另一组平行直刀纹

步骤 4 将兰花形肚花用清水冲洗,用双手将其顺着刀纹拉长(可达 60 mm),再将其整齐地放入瓷圆盘,如图 3-40 所示。

图 3-40 将兰花形肚花装盘

操作关键

1. 选用新鲜、厚实、形态完整、无异味的猪肚。
2. 清除猪肚的脂肪、白色茧皮和黏液。
3. 控制好刀纹的深度,保持间距均匀。

质量指标

1. 兰花形肚花造型美观,边长为 40 mm,顺着刀纹可拉长至 60 mm,大小均匀。

2. 兰花形肚花形态完整,无残缺和破损。

3. 直刀纹深至猪肚厚度的 4/5,间距不超过 1.5 mm。

4. 兰花形肚花的数量一般为 12 块。

荔枝形猪里脊块

操作准备

工具准备

(1)片刀 1 把。
(2)塑料砧板 1 个(建议长 600 mm,宽 400 mm,厚 30 mm)。
(3)瓷圆盘 1 个(建议直径 250 mm)。

原料准备

长 120 mm、宽 40 mm 的猪里脊 250 g。

操作步骤

步骤 1 清除猪里脊的外膜,将猪里脊清洗干净,保留其长度和宽度,加工成厚 15 mm 的块状，如图 3-41 所示。

图 3-41　将猪里脊加工成块状

步骤 2　将猪里脊块顺长横放在砧板上，采用拉刀剞的刀法，使刀身与其表面所成角度小于 45°，同时与其一边成 45° 角，剞出间距为 5 mm、深度为 9 mm（猪里脊块厚度的 3/5）的一组平行斜刀纹，如图 3-42 所示。

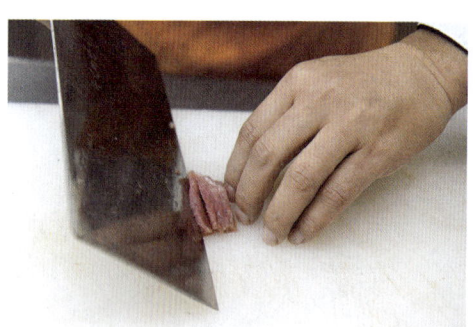

图 3-42　在猪里脊块上剞出一组平行斜刀纹

步骤 3　将猪里脊块旋转 90°，采用直刀剞的刀法，剞出间距为 5 mm、深度为 12 mm（猪里脊块厚度的 4/5）、与斜刀纹相交的一组平行直刀纹，如图 3-43 所示。

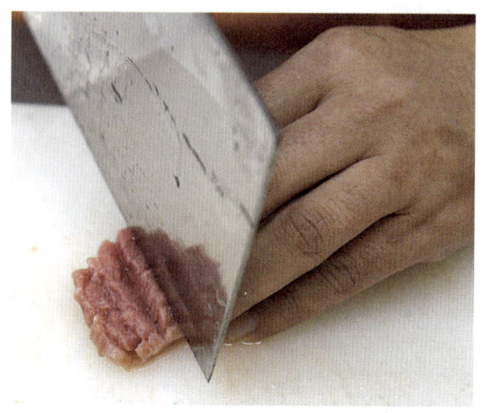

图 3-43　在猪里脊块上剞出一组平行直刀纹

步骤 4　将猪里脊块翻面，使其底部向上，采用拉切的刀法，切出 12 个边长为 40 mm 的菱形块；可用拇指和无名指捏住菱形块对称的两边，再用中指向上托，检查荔枝形里脊块的形态，如图 3-44 所示。

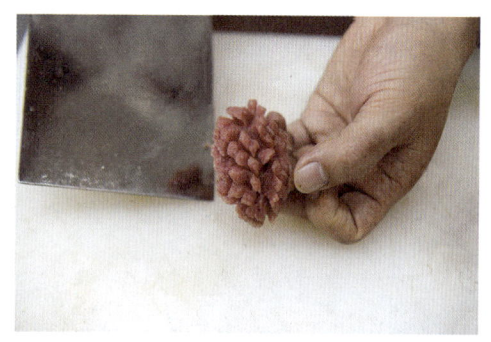

图 3-44　检查荔枝形里脊块的形态

步骤 5　用水冲洗荔枝形里脊块，将其刀纹向上，整齐地放入瓷圆盘，如图 3-45 所示。

项目3 动物性原料精加工

图3-45 将荔枝形里脊块装盘

操作关键

1. 选用新鲜、肉质厚实、外膜薄、中间无夹筋的猪里脊。
2. 清除猪里脊的外膜并清洗干净。
3. 控制好刀纹深度,保持间距均匀为5 mm。

质量指标

1. 荔枝形里脊块造型美观,边长在40 mm左右,大小均匀。

2. 荔枝形里脊块形态完整,无残缺和破损。

3. 斜刀纹深至9 mm,直刀纹深至12 mm。

4. 荔枝形里脊块的数量一般不少于12块。

鱼鳃形牛柳片

操作准备

工具准备

（1）片刀1把。
（2）塑料砧板1个（建议长600 mm，宽400 mm，厚30 mm）。
（3）瓷圆盘1个（建议直径250 mm）。

原料准备

长100 mm、宽60 mm的牛霖肉300 g。

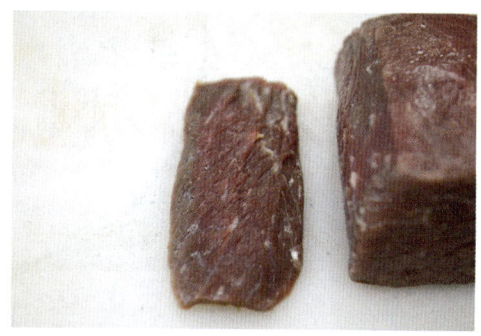

图3-46　将牛霖肉切成长方块

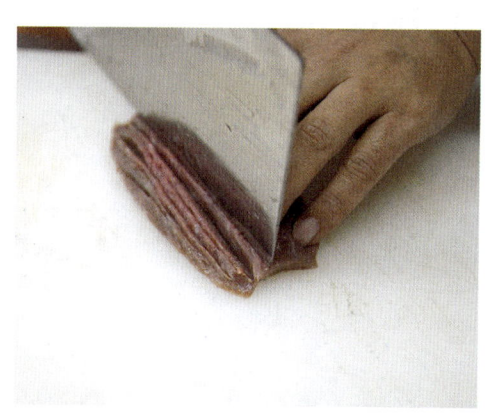

图3-47　在牛霖块上剞出一组平行直刀纹

操作步骤

步骤1　将牛霖肉清洗干净，修净筋和膜，切成长100 mm、宽60 mm、厚25 mm的长方块，如图3-46所示。

步骤2　将牛霖块顺长放在砧板上，采用直刀剞的刀法，沿其长边剞出间距为3 mm、深度为20 mm（牛霖块厚度的4/5）的一组平行直刀纹，如图3-47所示。

步骤3　将牛霖块旋转90°，采用拉刀批的刀法，使刀身与牛霖块表面所成角度小于45°，批出厚2 mm的牛霖片（共批12片），如图3-48所示；用手分开刀纹，形成鱼鳃形牛柳片，如图3-49所示。

步骤4 用清水冲洗鱼鳃形牛柳片，将其刀纹向外，整齐地放入瓷圆盘，如图3-50所示。

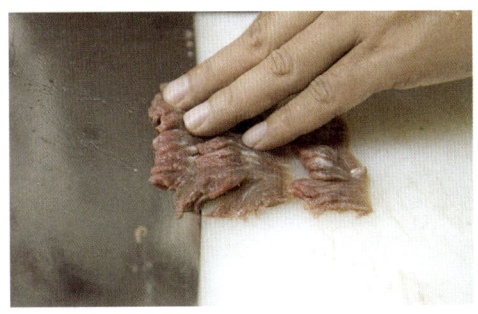

图3-48 将牛霖块批成牛霖片

图3-49 形成鱼鳃形牛柳

图3-50 将鱼鳃形牛柳片装盘

操作关键

1. 选用新鲜、肉质厚实的牛霖肉。
2. 清除牛霖肉的筋和膜。
3. 控制好刀纹的深度，保持间距均匀。

质量指标

1. 鱼鳃形牛柳片造型美观、自然，宽60 mm，厚2 mm，大小均匀。

2. 鱼鳃形牛柳片形态完整，无残缺和破损。

3. 直刀纹深至20 mm，间距为3 mm。

4. 鱼鳃形牛柳片的数量一般为12片。

/ 原料加工与配菜

任务 4

水产品类原料的精加工

 **任务目标**

1. 能选择适用于精加工的水产品类原料

2. 能描述水产品类原料精加工的主要刀法

3. 能描述水产品类原料精加工的操作关键

4. 能描述水产品类原料精加工的运用实例

5. 能对水产品类原料进行精加工

 知识准备

一、水产品类原料精加工的选料要求

水产品类原料品种繁多，具有质地鲜嫩、滋味鲜美、营养丰富等特点。为了提升菜肴的美感，可以选择一些水产品类原料进行精加工。注意，本任务主要介绍水产品类原料花刀块（片）的加工方法，全鱼精加工将在项目 4 中单独介绍。

1. 选择水产品类原料中肌肉组织较厚实、鱼刺较少的江河鱼类和海鱼类，如青鱼、鲈鱼、鳜鱼、鲤鱼、鳕鱼、大黄鱼、鳗鱼、鲵鱼等，可用其中段肌肉。

2. 选择水产品类原料中质地软中带韧的软体动物类，如墨鱼、鱿鱼等。

3. 选择水产品类原料中闭合肌丰满厚实、质地软中带韧的贝壳类，如鲍鱼等。

4. 不要选择水产品类原料中质地细嫩、多刺的江河鱼类和海鱼类，如刀鱼、鲥鱼、小黄鱼、鳓鱼等。

5. 不要选择水产品类原料中闭合肌较薄的软体动物类，如贻贝、蛏子、蛤蜊等。

二、水产品类原料精加工的主要刀法

对水产品类原料进行精加工，主要运用直刀法中的直切、推切、拉切等刀

法,斜刀法中的正刀斜批、反刀斜批等刀法,美化刀法中的直刀剞、推刀剞、拉刀剞等刀法。

例如,麻花形花刀的成形方法如下:将原料批成 45 mm×30 mm×15 mm 的块,在原料中间划开一道 35 mm 长的口,并在其两旁各平行地划一道 30 mm 长的口,用手将原料一端从中间穿过。

三、水产品类原料精加工的操作关键

1. 初步加工要符合精加工的要求,鱼类原料需要先进行去骨处理,软体动物类原料需要先进行去皮或去壳等处理。

2. 严格按照工艺流程的先后顺序进行加工。

3. 选择正确的刀法将原料加工成形,不能剞穿或剞断原料。

4. 要做到刀纹深浅一致、间距相等。

5. 根据原料的成形特点,按需进行焯水处理,以呈现良好的形态。

四、水产品类原料精加工的运用实例

水产品类原料经过精加工后可以具有美观的形态,如菊花形青鱼块、花枝形墨鱼片、鱼鳃形鱿鱼片、卷筒形鱿鱼块、核桃形鲍鱼等。水产品类原料精加工的运用实例见表 3-3。

表 3-3 水产品类原料精加工的运用实例

形态	适用原料
菊花形	青鱼、鲈鱼、鳜鱼
鱼鳃形	墨鱼、鱿鱼
麦穗形	墨鱼、鱿鱼
花枝形	墨鱼、鱿鱼
核桃形	青鱼、鲈鱼、鳜鱼、海鳗、河鳗、鲍鱼
兰花形	鲍鱼、鱿鱼
卷筒形	墨鱼、鱿鱼
游龙形	鱿鱼须

知识拓展

软体动物形态结构差异较大,种类繁多,常用的有墨鱼、鱿鱼以及鲍鱼等贝类。

一、墨鱼的特点和初步加工要求

1. 墨鱼的特点

墨鱼本名乌贼或乌鲗,又称花枝、墨斗鱼,是海洋中的一种软体动物。墨鱼有10条腕,包括8条短腕和2条供捕食用的长触腕。它有可喷射墨汁的墨囊,其内脏可制成内脏油,是高蛋白质、低脂肪食品。

墨鱼味道鲜美,营养价值非常高。墨鱼肉含有大量的蛋白质,吸收率在85%以上;含有微量的多不饱和脂肪酸DHA(二十二碳六烯酸)、碳水化合物、硫胺素、核黄素、叶酸、烟酸、维生素E和胆固醇;含有碘、铁、硒、锰、锌、铜等微量元素。墨鱼壳含有碳酸钙、壳角质、黏液质,以及少量氯化钠、磷酸钙、镁盐等。墨鱼汁营养也很丰富。墨鱼具有益血、理气、补肾、改善脑力、治疗水肿以及促进乳汁分泌、体力恢复、伤口愈合的作用。

2. 墨鱼的初步加工要求

初步加工墨鱼时,应先撕掉表皮,用剪刀分开头部和躯干,并把墨鱼的腹部剪开,再把腹部的内脏和墨鱼壳掏出,注意要将墨鱼内壁的黑膜完整地撕下来;再用食指和大拇指紧紧捏住墨鱼须的下部,用力挤压,将中间的黑色牙齿挤出;然后用剪刀剪开墨鱼的眼睛,先将眼睛里面的黑色汁液挤出或边挤边冲水,再彻底冲洗干净,并去除墨鱼的眼珠。可将墨鱼放在水池中操作,避免将黑色汁液洒的到处都是。

建议用墨鱼做菜时尽量保留墨囊或挤出墨囊中的汁液。有些菜肴需要摘除墨鱼的墨囊,那么摘除墨囊时注意不要将其弄破,否则会影响菜肴的色泽和口味。若墨囊已被弄破,可先用温水将墨鱼泡几分钟,再用凉水冲洗。洗好的墨鱼如果不立刻食用,最好吸干水分后冷藏保存,这样墨鱼烹制后更加爽口。

二、鱿鱼的特点和初步加工要求

1. 鱿鱼的特点

鱿鱼又称柔鱼、枪乌贼,是生活在海洋中的软体动物。鱿鱼体色苍白,有淡褐色的斑,身体细长呈长圆锥形,尾端的肉鳍呈三角形。鱿鱼头部大且两侧各有一只眼睛,还有10条触腕围绕在口周围。鱿鱼体内有两片鳃作为呼吸器官。

鱿鱼含有蛋白质、钙、牛磺酸、磷、维生素等多种人体所需的营养成分,脂肪含量较低,但胆固醇含量较高,不适于高血脂、高胆固醇血症、动脉硬化等心血管病及肝病患者食用。

2. 鱿鱼的初步加工要求

(1)鲜鱿鱼的初步加工要求。把鲜鱿鱼放进盆子里加入清水,先撕掉表皮,然后用剪刀分开头和躯干,并把鱿鱼的腹部剪开,用手将腹部的内脏和软骨掏出,将鱿鱼装入加盖容器中密封3 h以上(与空气隔绝防止其变色),之后取出用清水反复漂洗。注意,不要用洗涤灵等清洁剂浸泡鱿鱼,这些物质很难清洗干净,容易残留在鱿鱼体内,造成二次污染。鲜鱿鱼中含有多肽成分,若未煮熟就食用会导致肠功能紊乱,因此必须煮熟后再食用。

(2)干鱿鱼的初步加工要求。要选择外表平滑、肉质坚硬、身干体厚、无霉点、有光泽的干鱿鱼。泡发时,先将干鱿鱼放在冷水中浸泡2 h,捞出后再放到1∶100的碱水中浸泡8~12 h。如果干鱿鱼比较老(淡黄透明为嫩,紫色不透明为老),碱水的浓度可稍微提高。捞出发透的鱿鱼,用清水漂洗干净,边洗边用手捏,直到鱿鱼外表不滑腻且无任何异味为止。之后的初步加工方法同鲜鱿鱼。注意,发透的鱿鱼要浸泡在冷水中,夏秋两季还要放在冰箱中冷藏,随用随取。一般情况下,干鱿鱼的泡发率为400%~600%。

三、贝类的特点和初步加工要求

大多数贝类的背部有外套膜和由其分泌的贝壳,由于贝壳会妨碍其活动,因此它们的行动相当缓慢。贝类的结构一般分为头、足、内脏囊和外套膜,贝类中胚层的结缔组织多,肉质细密、脆嫩,脂肪少。贝类加热后水分损失较多,硬度一般都有所增加,但长期炖煮后,肉质又可回软,烹饪时的注意事项如下:采用快速加热的方式或生食，或进行长时间炖煮，以体现其软糯、绵香的特点；调味上以清淡为主，从而突出其自身独特的鲜美风味。

1. 鲍鱼

（1）鲍鱼的特点。鲍鱼是一种原始海洋单壳软体动物，呈椭圆形，干鲍的肉呈紫褐色，鲜鲍的肉呈黄色。鲍鱼贝壳呈耳状，质地坚硬、厚实，螺旋部很小，体螺层极大，几乎占了贝壳的全部，外表面有螺纹、呈绿褐色，内表面有珍珠光泽，一侧边缘有4~9个小孔。鲍鱼是中国传统的名贵食材，位居"鲍、参、翅、肚"四大海味之首，素有"一口鲍鱼一口金"的说法。

鲍鱼肉营养丰富，含有丰富的蛋白质和较多的钙、铁、碘等微量元素，它富含的维生素A是保护皮肤健康、视力健康以及提高免疫力、促进生长发育的关键营养素。

鲍鱼产品分干鲍、鲜鲍、急冻鲍和罐头鲍四大类。干鲍的制作方法如下：将鲜鲍鱼去壳、去内脏，先放入盐水中浸泡两天，再用木棒搅拌数小时，除去黏液，然后用冷水、热水反复清洗，最后用盐水煮熟后取出，并用线逐个串起晾晒。干鲍以日本的网鲍、禾麻鲍、吉品鲍以及南非鲍、澳洲鲍、中东鲍、苏洛鲍为上品。

（2）鲍鱼的初步加工要求

1）鲜鲍鱼的初步加工要求。在进行初步加工之前，要检验鲜鲍鱼是否新鲜。可用手轻触鲍鱼，如果鲍鱼的裙边有力收缩，就表示非常新鲜；如果鲍鱼的裙边收缩缓慢并发白，则可能是快死的鲍鱼。虽然鲍鱼对生存环境的水质很挑剔，要生存在很洁净的海域里面，但是其身上还是会有黏液和寄生的一些海藻，因此在初步加工时要先放少许盐搓一搓来去脏除腥；之后用刷子将鲍鱼刷洗一番并冲洗干净；然后用小刀切断肉与贝壳相连的贝柱，把鲍鱼肉分离出来（注意操作时一只手固定鲍鱼，另一只手将小刀从肉与贝壳之间插进去）；再用小刀将内脏切掉；最后在鲍鱼的嘴巴上划一刀，以便取出食胃管，并用水将其漂洗干净。

2）干鲍鱼的初步加工要求。在进行初步加工之前，要检验干鲍鱼的质量。优质干鲍鱼的特征如下：从外观观察，质地干燥，呈椭圆形元宝状，边上有一圈环状结构，中间凸出，鲍身完整，个头均匀，干度足，表面有薄薄的一层盐粉，在灯下鲍鱼中部呈红色最佳；从肉质观察，鲍鱼肉厚而饱满，无杂质。干鲍鱼的初步加工方法如下：将干鲍鱼用冷水浸泡48 h，用刷子刷洗干鲍鱼的四周，再冲洗干净；将鲍鱼煮焖数次，再放入蒸箱，加适量鸡块、排骨、葱、姜等蒸数小时至鲍鱼回软后取出冷却，此时用手指按压鲍鱼，应感觉有弹性。

2. 其他贝类

下面介绍几种在烹饪中常用的其他贝类的特点。

牡蛎的壳形不规则，两壳不对称且厚重，表面生有鳞片，在人工养殖环境下的牡蛎可以直接生食。

日月贝的贝壳呈圆形，两壳大小相等，中央部位略向外突出，表面较光滑，具有细小的放射肋和同心生长轮脉，其闭壳肌较发达。日月贝肉质柔嫩，呈乳白色，汁水多，适用于蒸、炒、爆、烧等烹调方法。

紫贻贝肉质软嫩，味鲜美；两壳大小相等、左右对称，壳表面有细密的生长纹和紫黑色壳皮，壳皮脱落后贝壳呈白色，壳质脆薄；其前闭壳肌发达，后闭壳肌退化或消失。

 操作技能

菊花形青鱼块

操作准备

工具准备

（1）片刀1把。

（2）塑料砧板1个（建议长600 mm，宽400 mm，厚30 mm）。

（3）瓷圆盘1个（建议直径250 mm）。

原料准备

长200 mm、宽50 mm的带皮新鲜青鱼中段肌肉500 g。

操作步骤

步骤1 先清除青鱼的脊椎骨和肋骨,将青鱼肉带皮的一面向下,横放在砧板上,采用直刀剞的刀法,剞出间距1.5 mm、深至鱼皮、与原料表面成30°的一组平行直刀纹,如图3-51所示。

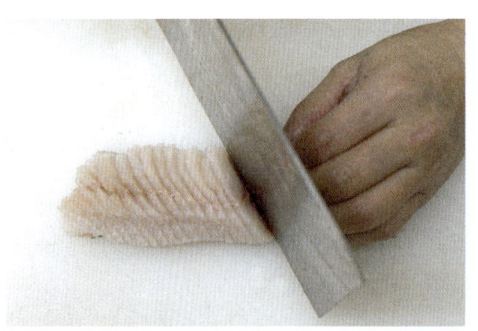

图3-51 在青鱼肉上剞出一组平行直刀纹

步骤2 将剞好直刀纹的青鱼肉旋转90°,采用直刀剞的刀法,剞出间距1.5 mm、深至鱼皮、与前一组平行直刀纹垂直的另一组平行直刀纹,如图3-52所示。

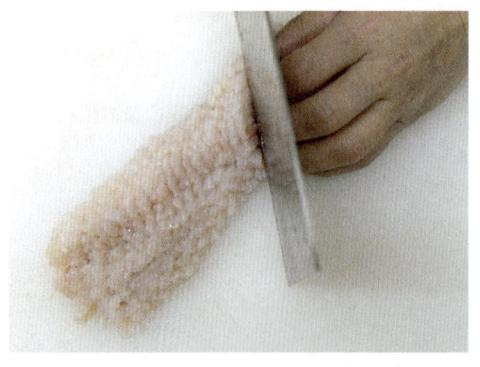

图3-52 在青鱼肉上剞出另一组平行直刀纹

步骤3 将青鱼肉翻面,使鱼皮向上,修齐四边,再用手指将青鱼肉向上翻卷,如图3-53所示,抓住青鱼肉两端适当地用力抖散。

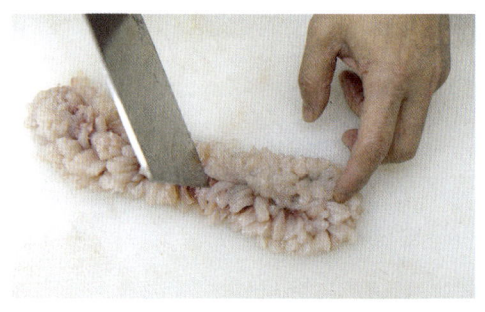

图3-53 用手指将青鱼肉向上翻卷

步骤4 使鱼皮向上,采用拉切的刀法,切出边长为青鱼肉宽度的正方块,如图3-54所示;再沿正方块的对角线将其切成两个三角块,用手指捏住青鱼肉的三个角使其呈现菊花形,如图3-55所示,共切出12块菊花形青鱼块。

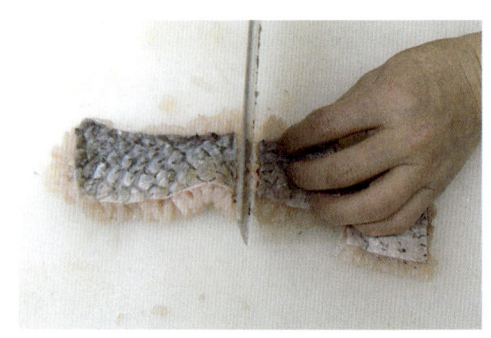

图3-54 将青鱼肉切出正方块

图 3-55　用手指使青鱼肉呈现菊花形

步骤 5　用清水冲洗菊花形青鱼块，将其刀纹向上，整齐地放入瓷圆盘，如图 3-56 所示。

图 3-56　将菊花形青鱼块装盘

操作关键

1. 选用新鲜、肉质厚、外皮无破损的青鱼中段肌肉。
2. 清除青鱼的脊椎骨和肋骨。
3. 进行直刀剞时，要控制好刀纹的深度，深至鱼皮但不可剞破鱼皮，保持刀纹间距均匀。

质量指标

1. 菊花形青鱼块造型美观，直角边长 50 mm，大小均匀。
2. 菊花形青鱼块形态完整，无残缺和破损。
3. 刀纹深至鱼皮，间距不超过 1.5 mm。
4. 菊花形青鱼块的数量一般为 12 块。

花枝形墨鱼片

操作准备

工具准备

（1）片刀1把。

（2）塑料砧板1个（建议长600 mm，宽400 mm，厚30 mm）。

（3）瓷圆盘1个（建议直径250 mm）。

（4）漏勺1把。

原料准备

新鲜墨鱼1个。

操作步骤

步骤1 将墨鱼肉顺长放在砧板上，采用拉切的刀法，沿中线将其切断，再切成一端宽60 mm的块状，如图3-57所示。

步骤2 将墨鱼内壁向上，横放在砧板上，采用拉刀批的刀法，使刀身与墨鱼表面所成角度小于20°，按15 mm的宽度（长度为60 mm）批下一块，并以此角度和宽度，采用拉刀剞的刀法，在墨鱼块上剞一刀间距在2 mm以内、深至墨鱼块底部1.5 mm的斜刀纹，如图3-58所示。

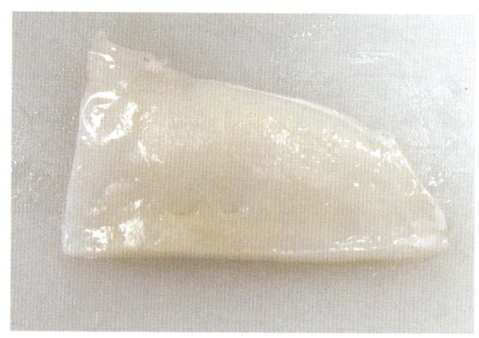

图3-57 将墨鱼肉切成块状

图3-58 剞出斜刀纹

步骤3 沿斜刀纹，采用拉刀批的刀法，批出一片厚度在2 mm以内、宽度约15 mm的夹刀片（即花枝形墨鱼片），如图3-59所示。

图 3-59 批出夹刀片

图 3-60 将花枝形墨鱼片装盘

步骤 4 采用以上方法，加工出 12 片花枝形墨鱼片；用清水冲洗花枝形墨鱼片，放入沸水锅焯水后捞出，再用冷水冲凉后整齐地放入瓷圆盘，如图 3-60 所示。

操作关键

1. 选用新鲜、肉质厚、外皮无破损的墨鱼。
2. 要在墨鱼的内壁上剞花刀。
3. 进行拉刀批和拉刀剞时，刀身与墨鱼表面所成角度应小于 20°，控制好刀纹的深浅，保持间距均匀。

质量指标

1. 花枝形墨鱼片造型美观，卷曲自然，长度为 60 mm，宽度为 15 mm，厚度为 2 mm，大小均匀。

2. 花枝形墨鱼片形态完整，无残缺和破损。

3. 斜刀纹深至墨鱼块底部 1.5 mm，间距不超过 2 mm 且均匀相等。

4. 花枝形墨鱼片的数量一般为 12 片。

鱼鳃形鱿鱼片

操作准备

工具准备

（1）片刀1把。

（2）塑料砧板1个（建议长600 mm，宽400 mm，厚30 mm）。

（3）瓷圆盘1个（建议直径250 mm）。

（4）漏勺1把。

原料准备

新鲜水发鱿鱼1个。

操作步骤

步骤1 先清除鱿鱼的外皮和侧边，再将其顺长放在砧板上，右手执刀，采用拉切的刀法，沿中线将其切断，再切成一端宽80 mm的块状，如图3-61所示。

步骤2 取一块鱿鱼，将其内壁向上顺长放在砧板上，采用直刀剞的刀法，使刀身与鱿鱼表面垂直，剞出间距1.5 mm、深至鱿鱼底部1.5 mm的一组平行直刀纹，如图3-62所示。

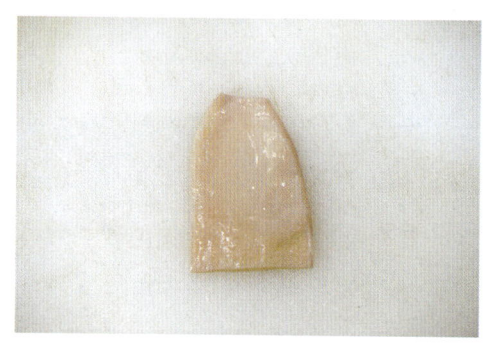

图3-61　将鱿鱼肉切成块状

图3-62　在鱿鱼块上剞出一组平行直刀纹

步骤3 将剞好直刀纹的鱿鱼块旋转90°，采用拉刀批的刀法，使刀身与鱿鱼表面所成角度小于20°，按20 mm宽度先批下一块（长80 mm），再以此角度和宽度，将鱿鱼块批成长80 mm、宽20 mm、厚1 mm薄片（共12片），如图3-63所示。

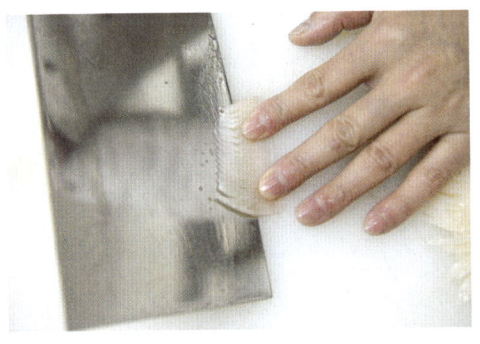

图 3-63 将鱿鱼块批成薄片

形鱿鱼片整齐地放入瓷圆盘，如图 3-64 所示。

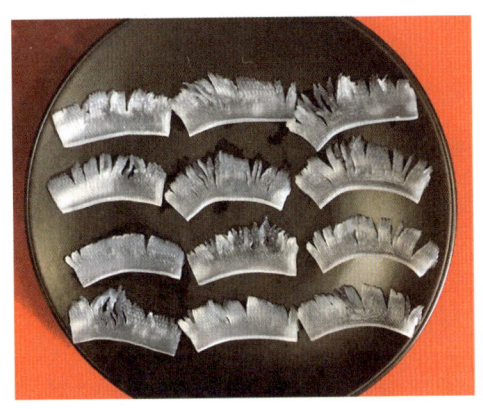

图 3-64 将鱼鳃形鱿鱼片装盘

步骤 4 将加工后的鱿鱼片用清水冲洗，放入沸水锅中焯水，当鱿鱼片呈现鱼鳃形后捞出，用冷水冲凉，将鱼鳃

操作关键

1. 选用新鲜、无刺激性气味、肉质厚、无破损的水发鱿鱼。
2. 清除鱿鱼的外皮和侧边。
3. 要在鱿鱼的内壁上剞花刀。
4. 批鱿鱼片时其宽度应控制在 20 mm 左右。
5. 进行直刀剞时，刀身与鱿鱼表面要垂直，并控制好刀纹的深度，保持刀纹间距均匀。

质量指标

1. 鱼鳃形鱿鱼片造型美观，卷曲自然，长约 80 mm，宽约 20 mm，大小均匀。

2. 鱼鳃形鱿鱼片形态完整，无残缺和破损。

3. 刀纹深至鱿鱼底部 1.5 mm，刀纹间距不超过 1.5 mm 且均匀相等。

4. 鱼鳃形鱿鱼片的数量一般为 12 片。

卷筒形鱿鱼块

操作准备

工具准备

（1）片刀1把。

（2）塑料砧板1个（建议长600 mm，宽400 mm，厚30 mm）。

（3）瓷圆盘1个（建议直径250 mm）。

（4）漏勺1把。

原料准备

新鲜水发鱿鱼2个。

操作步骤

步骤1 先清除鱿鱼的外皮和侧边，再将其内壁向上横放在砧板上，采用拉切的刀法，顺长沿中线将其切断，再切成一端宽45 mm的块状，如图3-65所示。

步骤2 采用直刀剞的刀法，使刀身与鱿鱼表面成直角，同时与鱿鱼边所成角度为30°～45°，剞出间距为1.5 mm、深度为4/5鱿鱼厚度的一组平行直刀纹；将剞好直刀纹的鱿鱼块旋转90°，仍采用直刀剞的刀法，使刀身与鱿鱼表面垂直，在鱿鱼块上剞出间距为1.5 mm、深度为4/5鱿鱼厚度、与前一组平行直刀纹互相垂直的另一组平行直刀纹，如图3-66所示。

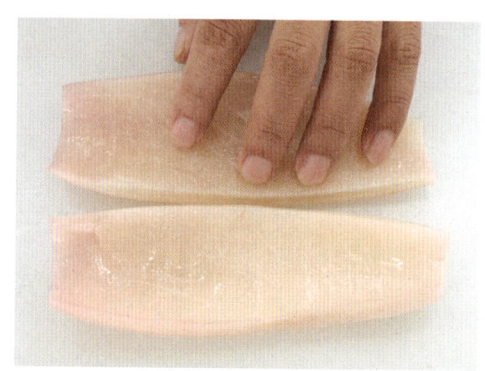

图3-65　将鱿鱼肉顺长切成块状

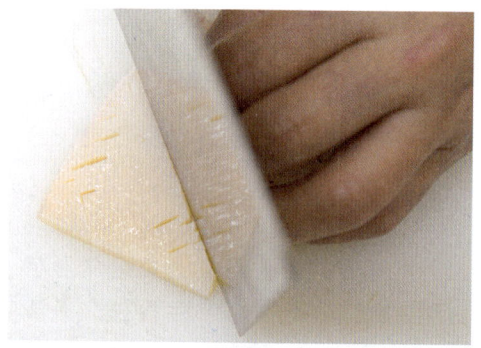

图3-66　在鱿鱼块上剞出另一组平行直刀纹

步骤3 将鱿鱼块翻面（有刀纹的内壁向下），横放在砧板上，用手指捏住鱿鱼块的两端向外拉直，再顺着长度方向将鱿鱼块用力向里卷起，如图3-67所示，检查刀纹的深度和间距；再采用拉切的刀法，将鱿鱼块切成60 mm（即卷筒形鱿鱼块截面周长）×45 mm（即卷筒形鱿鱼块高度）的长方块。

步骤4 将加工后的鱿鱼块用清水冲洗，放入沸水锅焯水，待其呈现卷筒形后捞出，用冷水冲凉，整齐地放入瓷圆盘，如图3-68所示。

图3-68 将卷筒形鱿鱼块装盘

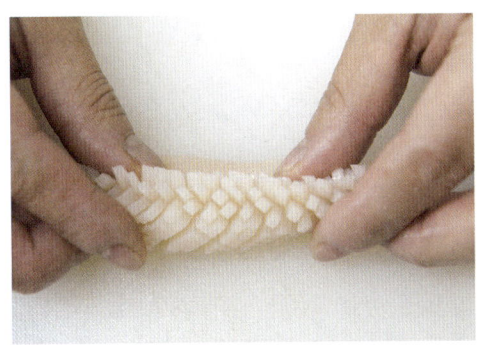

图3-67 将鱿鱼块用力向里卷起

操作关键

1. 选用新鲜、无刺激性异味、肉质厚、无破损的水发鱿鱼。
2. 清除鱿鱼的外皮和侧边。
3. 要在鱿鱼的内壁上剞花刀。
4. 进行直刀剞时，刀身与鱿鱼表面要垂直，并控制好刀纹的深度，保持刀纹间距均匀。

质量指标

1. 卷筒形鱿鱼块应沿横向直刀纹方向卷曲，形态美观，大小均匀。

2. 卷筒形鱿鱼块截面周长 60 mm、高度 45 mm，形态完整，无残缺和破损。

3. 刀纹间距为 1.5 mm 且均匀，深度为鱿鱼厚度的 4/5。

4. 卷筒形鱿鱼块的数量一般为 12 块。

核桃形鲍鱼

操作准备

工具准备

（1）片刀 1 把。

（2）塑料砧板 1 个（建议长 600 mm，宽 400 mm，厚 30 mm）。

（3）瓷圆盘、不锈钢圆盘各 1 个（建议直径 250 mm）。

原料准备

新鲜鲍鱼肉 12 个、少许盐。

操作步骤

步骤 1 在鲍鱼肉中加少许盐，如图 3-69 所示，用手适当揉搓，再边用水冲洗边挤压黏液，使鲍鱼肉色发白、不黏滑。

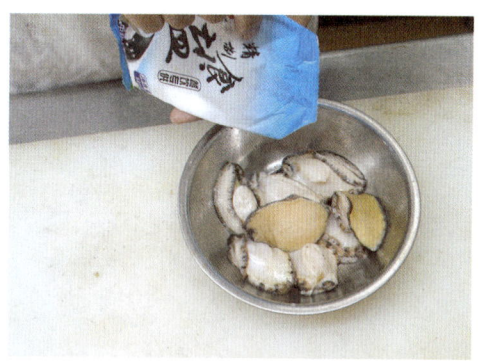

图 3-69　在鲍鱼肉中加少许盐

步骤 2 将鲍鱼正面向上，横着平放在砧板上，采用直刀剞的刀法，使刀身与鲍鱼长轴方向成 45°角，剞出间距为 2 mm、深度为 4/5 鲍鱼厚度的一组平行直刀纹，如图 3-70 所示。

图 3-70　在鲍鱼正面剞出一组平行直刀纹

步骤 3　将剞好直刀纹的鲍鱼旋转 90°，仍采用直刀剞的刀法，剞出与前一组平行直刀纹互相垂直的另一组平行直刀纹，间距和深度要求同前，如图 3-71 所示。

图 3-71　在鲍鱼正面剞出另一组平行直刀纹

步骤 4　将剞好直刀纹的鲍鱼翻面，采用拉切的刀法，以其反面中央为中心，剞出一个正十字形花刀纹，注意不要切断鲍鱼边缘，如图 3-72 所示。

图 3-72　在鲍鱼反面中央剞出一个正十字形花刀纹

步骤 5　用清水冲洗核桃形鲍鱼，将其正面向上，整齐地放入瓷圆盘，如图 3-73 所示。

图 3-73　将核桃形鲍鱼装盘

操作关键

1. 选用鲜活、大小均匀、完整无破损、肉质厚、边缘整齐的鲍鱼肉。
2. 要清洗干净鲍鱼肉的黏液。
3. 控制好直刀纹的深度，保持刀纹间距均匀。
4. 在鲍鱼反面剞正十字形花刀纹时，要控制好刀纹的长度，不要切断鲍鱼边缘。

质量指标

1. 核桃形鲍鱼造型美观，形态完整，无残缺和破损。

2. 两组直刀纹深度均为鲍鱼厚度的 4/5，间距均匀。

3. 核桃形鲍鱼的数量一般为 12 个。

练习与检测

一、判断题（将判断结果填入括号中，正确的填"√"，错误的填"×"）

1. 动物性原料疏松的原因是结缔组织所含的胶原纤维和弹性纤维较多，而网状纤维较少。（   ）

2. 牛肉的持水性表现为牛肉在压榨、加热、绞碎等加工处理过程中，具有能牢固地保持自身本来的水分和后添加的水分的性质。（   ）

3. 羊肉膻味的主要来源是一种中等碳链长度且带支链的非挥发性脂肪酸。（   ）

4. 鱿鱼又称柔鱼、枪乌贼，与墨鱼和鲍鱼一样，都是生活在海洋中的软体动物。（   ）

5. 蓑衣形肚花是采用直刀剖和推刀剖的刀法加工而成的。（   ）

二、单项选择题（选择一个正确的答案，将相应的字母填入题内的括号中）

1. （   ）使肌肉的横断面呈现大理石样纹理，可防止水分在加热过程中蒸发，使菜肴中的畜肉质地细嫩、风味鲜美。

　　A. 板油　　　　　　　　　　B. 肌间脂肪
　　C. 网油　　　　　　　　　　D. 肥肉

2. 猪大肠肌肉属于（   ）。

　　A. 横纹肌　　　　　　　　　B. 心肌
　　C. 平滑肌　　　　　　　　　D. 骨骼肌

3. 牛肉是一种良好的肉用原料，原因是其（   ）。

　　A. 肌肉组织占比高　　　　　B. 蛋白质含量高、营养丰富
　　C. 有特殊的香味　　　　　　D. 口感有弹性

4. 在烹饪领域，用途较广的羊肉部位是（   ）。

　　A. 前腿上的肉　　　　　　　B. 胸口
　　C. 肋腹　　　　　　　　　　D. 后腿和脊背上的肉

5. 鲍鱼贝壳一侧的边缘有（   ）个小孔。

　　A. 6~9　　　　　　　　　　B. 4~9

C. 2~9 D. 1~9

三、多项选择题（选择两个或两个以上正确的答案，将相应的字母填入题内的括号中）

1. 禽胃由腺胃和肌胃构成，其中肌胃的主要特点是（　　）。

    A. 呈圆形或椭圆形的双凸透镜状

    B. 背侧和腹侧的壁很厚，前囊和后囊的壁较薄

    C. 背侧和腹侧的壁很薄，前囊和后囊的壁较厚

    D. 肌层发达，肉质紧实且呈暗红色

    E. 肌层发达，肉质柔韧且呈暗红色

2. 鸭除了肌肉、骨骼可用于烹饪，还可用心、爪、舌、血、肝、胗等，其整理要点是（　　）。

    A. 心要洗净血污，肝要摘去胆囊　　B. 爪要去除外皮和爪尖

    C. 舌要用沸水漂烫后去苔衣　　　　D. 血要凝固后切成块用热水煮熟

    E. 胗要割断嗉囊、食管和肠

3. 影响猪肉色泽的因素有（　　）。

    A. 空气中氧的浓度　　　　　　　　B. 猪生长过程中肌肉的活动量

    C. 猪的种类　　　　　　　　　　　D. 猪的年龄

    E. 血红蛋白含量

4. 影响牛肉持水性的因素有（　　）等。

    A. 牛的种类　　　　　　　　　　　B. 牛宰杀前的生理状态

    C. 牛宰杀后的保存方法　　　　　　D. 烹调方法

    E. 气温

5. 家禽类原料经过精加工后可以具有美观的形态，如（　　）等。

    A. 荔枝形鸡花　　　　　　　　　　B. 鱼鳃形鹅胗片

    C. 松鼠形鸡胗　　　　　　　　　　D. 牡丹形鸭花

    E. 核桃形鸽花

参考答案

一、判断题

1. √   2. √   3. ×   4. √   5. ×

二、单项选择题

1. B   2. C   3. A   4. D   5. B

三、多项选择题

1. ABD   2. ABCDE   3. ABCDE   4. ABCD   5. ABE

项目 4　全鱼精加工

任务导入

全鱼精加工
- 概念
- 作用
- 运用实例
- 原料
- 操作关键
- 刀法

江河鱼的全鱼精加工
牡丹形鲈鱼（正瓣与斜瓣）
葡萄形青鱼
松鼠形鳜鱼
盘龙形河鳗（正环形与斜环形）
多菱形鳊鱼
麒麟形鳜鱼
人字形黄鳝

海鱼的全鱼精加工
松鼠形大黄鱼
多菱形鲳鱼
柳叶形鲳鱼

任务 1 全鱼精加工基础

 任务目标

1. 能描述全鱼精加工的概念和作用
2. 能选择适用于全鱼精加工的原料
3. 能描述全鱼精加工的主要刀法
4. 能描述全鱼精加工的操作关键
5. 能描述全鱼精加工的运用实例

 知识准备

鱼类终生生活在海水或淡水中，分为软骨鱼系和硬骨鱼系。软骨鱼系在全世界有 200 多种，在我国有 140 多种，绝大多数生活在海里。常见的食用鱼主要属于硬骨鱼系，世界上现存的硬骨鱼系有 2 万种以上，大部分生活在海洋水域，部分生活在江河水域。

在古代，人们就爱吃鱼，并且非常讲究吃鱼的时机，且留下很多有关鱼的佳句。"清明前细骨软如绵，清明后细骨硬如针"，描述了刀鱼的质感；"清明挂刀，端午品鲥"，描述了刀鱼和鲥鱼的最佳食用期；"江上往来人，但爱鲈鱼美"，范仲淹在秋风骤起、冬意渐来的时节留下此诗句，说明鲈鱼的最佳食用期在秋冬交替之际。

名贵的江河鱼（又称淡水鱼）有上海松江四鳃鲈鱼、四川石爬子鱼、长江刀鱼和鲥鱼、松花江大马哈鱼、沙塘鳢鱼、黄河鲤鱼、江团鱼、武昌鱼、鲟鱼等。大江南北都盛产鲫鱼、青鱼和草鱼，这三类鱼又便宜又好吃，其中用鲫鱼做成的汤还有一种特有的香甜味。

名贵的海鱼有蓝鳍金枪鱼、野生大黄鱼、沙丁鱼、鳕鱼、鲷鱼、鲽鱼等。鮸鱼俗称"黄唇鱼""金钱鮸"，它是中国特有鱼种，被视为上等补品，其鱼鳔（俗称"鱼胶"）甚为珍贵，素有"贵如黄金"之说。

一、全鱼精加工的概念

全鱼精加工是指选择部分肌肉组织发达、骨刺少、头部小、鱼体细长的整条鱼，采用直刀法的切、平刀法的批，结合美化刀法，对全鱼进行美化加工的方法。

二、全鱼精加工的作用

1. 可以使全鱼形成美观、生动的形态。
2. 可以加速全鱼的成熟，使菜肴具有鲜、嫩、脆、酥的特点。
3. 可以使调味汁易于挂在全鱼上，以及渗透到鱼肉内部。
4. 可以增加菜肴的特色，提升菜肴的档次。

三、全鱼精加工的选料要求

1. 选择肌肉组织较发达、骨刺少、鱼皮韧性大、鱼肉厚实无筋的江河鱼类和海鱼类，如青鱼、鲈鱼、鳜鱼、鲤鱼、鳕鱼、鳊鱼、大黄鱼、鲍鱼、鲳鱼等。
2. 选择头部较小而身体细长、形体较完美的江河鱼类和海鱼类，如河鳗、黄鳝、黄颡鱼、带鱼、海鳗等。
3. 不要选择头部和体型较大、骨刺较多的江河鱼类和海鱼类，如鳙鱼、大马哈鱼、大口鲶鱼等。
4. 不要选择质地细嫩、骨刺多的江河鱼类和海鱼类，如小黄鱼、秋刀鱼、龙头鱼、龙舌鱼、梭子鱼、多春鱼等。
5. 不要选择较名贵的江河鱼类和海鱼类，如鲥鱼、鲟鱼、金枪鱼、鳕鱼等。

四、全鱼精加工的主要刀法

对全鱼进行精加工时，运用较多的刀法是批和剞，如平刀法中的平刀批，斜刀法中的正刀斜批和反刀斜批，美化刀法中的直刀剞、推刀剞和斜刀剞。除此之外，还综合运用了直刀法中的直切、推切、拉切等刀法。

五、全鱼精加工的操作关键

1. 初步加工要符合精加工的要求。
2. 严格按照工艺流程的先后顺序进行加工。
3. 选择正确的刀法将原料加工成形，不能剞穿或剞断原料。
4. 要做到刀纹深浅一致、间距相等。

六、全鱼精加工的运用实例

全鱼经过精细加工，可以形成牡丹形、葡萄形、松鼠形、盘龙形、多菱形、麒麟形、人字形、柳叶形、月牙形、斜一字形等千姿百态的美观形态。全鱼精加工的运用实例见表4-1。

表4-1 全鱼精加工的运用实例

形态	适用原料
牡丹形	青鱼、鲈鱼、鳜鱼、鲤鱼、大黄鱼、鮸鱼等
葡萄形	青鱼、鲈鱼、鳜鱼、鲤鱼等
松鼠形	青鱼、鲈鱼、鳜鱼、鲤鱼、大黄鱼、鮸鱼等
盘龙形	河鳗、鳢鱼、黄鳝、海鳗等
多菱形	鳊鱼、鲈鱼、鲳鱼、多宝鱼、鲷鱼等
麒麟形	鲈鱼、鳜鱼、鲤鱼等
人字形	鲫鱼、黄鳝、带鱼等
柳叶形	鳊鱼、鲈鱼、鳜鱼、鲳鱼、多宝鱼、石斑鱼等
月牙形	鳊鱼、鳜鱼、鲳鱼等
斜一字形	鳊鱼、鲈鱼、鳜鱼、鲤鱼、鲳鱼等

知识拓展

鱼类的特性与调味方式有密切关系。当鱼类原料鲜度高时，其鲜味突出、腥味很小、没有异味，宜以咸鲜、茄汁、糖醋和咸甜的调味方式为主，宜少用酸辣和蒜香的调味方式。

鱼类的结构与烹调方法有密切关系。海鱼类由结缔组织、肌肉组织、脂肪组织和骨骼组织组成，某些海鱼结缔组织之间的肌鞘很薄，加热时易溶解，因而在烹制时就不易保持形态。在烹制整条海鱼时，为保持其形态完整，大多采用蒸、烧、烤、炸、熘、焗等烹调方法。海鱼刺少，肌肉富有弹性，有的海鱼其肌肉呈蒜瓣状，风味独特。

全鱼精加工的刀法与烹调方法有密切关系。一般剞适合的烹调方法是清蒸，而花式剞适合的烹调方法有蒸、炸、熘、烧等。

项目 4　全鱼精加工

任务 2 江河鱼的全鱼精加工

任务目标

1. 能描述江河鱼全鱼精加工的主要刀法
2. 能描述江河鱼全鱼精加工的操作关键
3. 能描述江河鱼全鱼精加工的运用实例
4. 能对部分江河鱼进行全鱼精加工

知识准备

一、江河鱼全鱼精加工的主要刀法

进行江河鱼的全鱼精加工时，综合运用直刀法中劈的刀法，劈下鱼头；综合运用平刀法中拉刀批的刀法，批出脊椎骨，使脊椎骨与鱼肉分离；综合运用美化刀法中直刀剞、推刀剞和斜刀剞的刀法，对鱼肉进行美化。对江河鱼进行初步加工时，为了去除鱼鳞和内脏，还要运用刮和剖的刀法。

二、江河鱼全鱼精加工的操作关键

1. 初步加工要符合精加工的要求，要保留鱼头和鱼尾，刮净鱼鳞，保持全鱼外形完整。如果需要提取鱼中段肌肉，要注意剔净脊椎骨、肋骨。

2. 严格按照工艺流程的先后顺序进行加工，如进行花式剞时，要注意两种剞法的先后顺序，原则上先剞斜刀纹再剞直刀纹，先剞浅刀纹再剞深刀纹。

3. 选择正确的刀法将原料加工成形，如采用剞的刀法时不能剞穿或剞断原料，而采用切或批的刀法时必须切断或批断原料。

4. 要做到刀纹深浅一致、间距相等。

5. 运用泡烫方法去除鱼皮表面黏液时，要控制好水温和时间，不要烫破外皮。

三、江河鱼全鱼精加工的运用实例

江河鱼全鱼精加工的运用实例如下：将大小适宜的江河鱼，如青鱼、草鱼、鳜鱼、鲈鱼、鳊鱼、黄鳝、黄颡鱼等，经过精细刀工美化，形成牡丹形、松鼠形、多菱形、麒麟形、柳叶形、月牙形、斜一字形等美观的形态；将体型大、肉质厚实的全鱼中段肌肉，如青鱼、草鱼、鳜鱼、鲤鱼、鲈鱼等的中段肌肉，经过精细刀工美化，形成葡萄形的美观形态；将体型细长、肉质细嫩的全鱼，如河鳗、黄鳝等，经过精细刀工美化，形成盘龙形和人字形的美观形态。

知识拓展

一、青鱼和草鱼

1. 青鱼的特点和初步加工要求

青鱼是四大家鱼之一，另外三种是草鱼、鲢鱼和鳊鱼。青鱼又称黑鲩，其身体较长，呈圆筒形，脊部呈乌黑色，腹部呈乳白色，肌肉白而硬实，是江河鱼中肉质较细嫩的一种。青鱼鱼肉性平、味甘，能补虚、益气、化湿，有活血化瘀的作用。青鱼鱼肉富含锌、硒、碘等微量元素以及核酸，有益智补脑、延缓衰老的作用。青鱼鱼胆性寒、味苦、有毒，可以泻热、消炎、明目，有缓解目赤肿痛、结膜炎和扁桃体炎的作用，注意加工时不可弄破。青鱼的脂肪含量较高，主要位于胸鳍、腹鳍、臀鳍和尾鳍附近鱼肉中以及鱼肚、鱼头和内脏中。青鱼的肝是鱼体中最嫩的部分，脂肪含量最高，在加工时不宜丢弃，如上海地方名菜"烧秃肺"就是用青鱼肝烹制的，此菜应趁热食用。

2. 草鱼的特点和初步加工要求

草鱼又称鲩，俗称草青，其鱼肉性温、味甘、无毒，有暖胃、明目的作用。草鱼鱼胆性寒、味苦，有降压、祛痰及镇咳的作用，虽可治病，但胆汁有毒，误食或过量食用会导致食物中毒。草鱼鱼胆中的毒素进入人的消化系统、泌尿系统，会在短时间内引起肝肾衰竭，合并发生心血管与神经系统病变，引起脑水肿、中毒性休克，甚至致人死亡。在初步加工草鱼时一定要谨慎操作，切忌弄破鱼胆，若发现草鱼腹部肌肉部分发绿，一定要用水反复冲洗至肉色发白。

3. 青鱼和草鱼的区别

青鱼和草鱼同属鲤科,但仔细观察,青鱼和草鱼是有多处明显区别的。青鱼和草鱼的区别见表 4-2。

表 4-2　青鱼和草鱼的区别

特征	青鱼	草鱼
外皮	呈青黑色,颜色较深	呈青黄色
鳞片	呈现不明显的网线状	呈现非常明显的网线状
头部	头部窄而长,呈扇形,夹角约 30°	头部宽而短,更圆润一些,夹角约 45°
嘴形	呈尖锥状	呈圆弧状
食性	以螺、蚌等水底动物为主	以水生植物的茎和叶为主
生活水域	下层	中下层

二、其他江河鱼的特点和最佳食用期

其他江河鱼也是制作鱼类菜肴常用的原料,其中不少是洄游鱼类,市场上销售的主要是人工养殖的。

1. 河鳗

河鳗又称白鳝,含有丰富的优质蛋白质和各种人体必需的氨基酸;其脂肪含有丰富的 DHA 及 EPA(二十碳五烯酸),有预防心血管疾病的作用;其胆固醇、钙质含量较高,有补虚养血、祛湿、抗结核、预防骨质疏松症的作用;其肝脏含有丰富的维生素 A,有预防夜盲症的作用;其鱼皮和鱼肉都含有丰富的胶原蛋白,有美容养颜、延缓衰老的作用。河鳗的最佳食用期是春季。

2. 鳜鱼

鳜鱼俗称桂鱼,是名贵的淡水鱼之一,其体侧扁、口大、牙尖利、性凶猛,体表鳞片细小,呈青灰色,有黑色斑点,背鳍前部的硬刺有毒。鳜鱼的最佳食用期是春季。

3. 黄鳝

黄鳝头大、口大、眼小,体表呈黄褐色,有暗色斑点,无胸鳍和腹鳍,背鳍、臀鳍低平且与尾鳍相连，肉厚刺少，鲜味独特。黄鳝的最佳食用期是夏季。

4. 鳙鱼

鳙鱼又称胖头鱼，头大（约占体长的三分之一），背部呈暗黑色且有不规则的小黑斑，鱼腹表面从腹鳍至肛门有脂棱。鳙鱼的最佳食用期是冬季。

5. 鲑鱼

鲑鱼又称三文鱼，只能在无污染、低水温和高溶氧的大流量水中生存，是著名的淡水鱼之一。鲑鱼体侧扁，背部隆起；齿尖锐；鳞片细小，呈银灰色，体表在产卵期有橙色条纹；鱼肉紧密鲜美，呈粉红色并有弹性。鲑鱼的最佳食用期是春季。

6. 鲫鱼

鲫鱼的品种有很多，以银鲫质量为优，其肉质细嫩，味鲜美，但刺较多，适用于煮、烧、炸、熏、蒸等烹制方法，一般整尾烹制。鲫鱼的最佳食用期是春季。

7. 鲤鱼

鲤鱼鱼肉细嫩，味鲜美，但刺多，适用于多种烹调方法，可整尾烹制，也可以在进行刀工处理后烹制。鲤鱼的最佳食用期是初秋。

 操作技能

牡丹形鲈鱼（正瓣与斜瓣）

操作准备

工具准备

（1）片刀1把。

（2）塑料砧板1个（建议长600 mm，宽400 mm，厚30 mm）。

（3）不锈钢长方盘1个（建议长400 mm，宽300 mm）。

（4）筷子1双。

原料准备

重约500 g的鲜活鲈鱼1条。

操作步骤

步骤1 先刮去鲈鱼的鱼鳞，再挖出鱼鳃，然后用片刀在肛门处划一刀，用筷子从鲈鱼的口部插入腹部，卷出内脏，如图4-1所示，反复将鲈鱼冲洗干净。

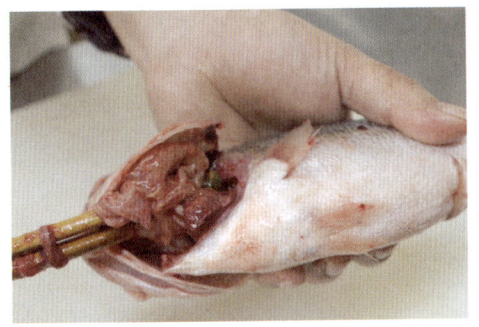

图4-1 卷出鲈鱼的内脏

步骤2 若要加工得到正瓣牡丹形鲈鱼，则将鱼头朝左、背鳍朝外，横放在砧板上；将片刀垂直放在鱼背上，在距离鱼头30 mm处，使刀尖紧贴着鱼背，刀身与鱼头边端（鳃盖）平行，将刀跟往上提，采用直刀剞的刀法，在鱼的皮肉上剞深至脊椎骨的刀纹，如图4-2所示；接着采用平刀批的刀法，沿脊椎骨向前批，如图4-3所示。

若要加工得到斜瓣牡丹形鲈鱼，则将鱼头朝左、背鳍朝外，横放在砧板上；将片刀斜放在鱼背上，使刀身与鱼背所成角度为45°，在距离鱼头30 mm处，使刀尖紧贴着背部，将刀跟往上提，采用拉刀剞的刀法，在鱼的皮肉上剞深至脊椎骨的刀纹，如图4-4所示；接着采用平刀批的刀法，沿脊椎骨向前批，如图4-5所示。

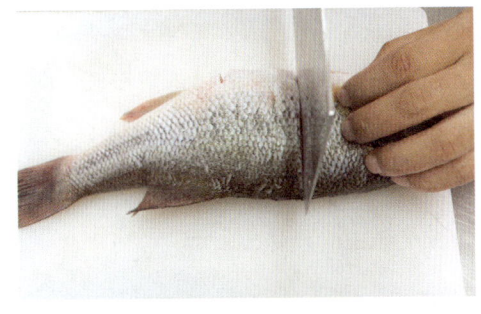

图4-2 正瓣牡丹形鲈鱼的入刀定位

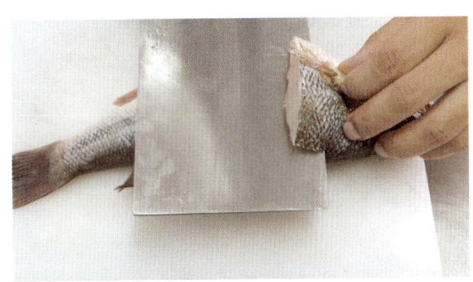

图4-3 沿脊椎骨向前批（正瓣）

图4-4 斜瓣牡丹形鲈鱼的入刀定位

图4-5 沿脊椎骨向前批（斜瓣）

步骤3 用片刀在批出的鱼肉中间再剖一刀，深至鱼皮，正瓣如图4-6a所示，斜瓣如图4-6b所示；重复步骤2的方法，每隔40 mm剖一刀，在距离鱼尾50 cm处停刀。

a)

b)

图4-6 在批出的鱼肉中间再剖一刀
a）正瓣 b）斜瓣

步骤4 将鲈鱼翻面，使鱼头仍朝左，采用上述方法，对鱼的另一面进行加工；将鲈鱼冲洗一下，用右手提起鱼尾，用左手将剖好的鱼肉向下翻，之后将鲈鱼放入不锈钢长方盘（鱼背向上、刀纹在两侧向前翻），如图4-7所示。

a)

b)

图4-7 将牡丹形鲈鱼装盘
a）正瓣 b）斜瓣

项目 4　全鱼精加工

操作关键

1. 选用重约 500 g、外皮无破损的鲜活鲈鱼。
2. 要清除鲈鱼的内脏，但不可采用剖腹取脏的方法。
3. 进行直刀剞或拉刀剞时，要将刀跟往上提，用刀尖在鱼肉上剞刀纹，要控制好刀纹的间距和深度。
4. 进行平刀批时，要沿着鱼的脊椎骨向前批。
5. 在鱼肉中间向鱼皮侧剞刀纹时，不要剞破鱼皮。

质量指标

1. 牡丹形鲈鱼造型美观、逼真，两侧的花刀纹要对称，做到间距相等（40 mm）和深度一致。

2. 牡丹形鲈鱼形态完整，无残缺或破损。

3. 从鱼皮进刀时剞至脊椎骨，从鱼肉进刀时剞至鱼皮。

葡萄形青鱼

操作准备

工具准备

（1）片刀 1 把。
（2）塑料砧板 1 个（建议长 600 mm，宽 400 mm，厚 30 mm）。
（3）不锈钢长方盘 1 个（建议长 400 mm，宽 300 mm）。

原料准备

长 200 mm、宽 80 mm、厚 10 mm 的带皮新鲜青鱼肉 1 块，约 600 g，已清除脊椎骨和肋骨。

操作步骤

步骤1 将带皮青鱼肉的肉朝上,顺长放在砧板上,用片刀修成梯形,如图4-8所示。

图4-8 将带皮青鱼肉修成梯形

步骤2 使刀身与鱼肉宽边成45°角,同时与鱼肉表面成30°角,采用反刀剞的刀法,剞出间距为12 mm、深至鱼皮的一组平行斜刀纹,如图4-9所示。

图4-9 在带皮青鱼肉上剞出一组平行斜刀纹

步骤3 将剞好斜刀纹的带皮青鱼肉旋转90°,采用推刀剞的刀法,剞出间距为12 mm、深至鱼皮、与斜刀纹相交的一组平行直刀纹,如图4-10所示。

图4-10 在带皮青鱼肉上剞出一组平行直刀纹

步骤4 将带皮青鱼肉冲洗一下,用干抹布吸干水分;将其皮向上、肉向下,横放在砧板上,用手将带皮青鱼肉向上翻起,整理出"葡萄粒"的形态;将其刀纹向上,放入不锈钢长方盘,如图4-11所示。

图4-11 将葡萄形青鱼装盘

操作关键

1. 选用新鲜、无异味、中段肉质厚的青鱼，取重约 600 g、外皮无破损的带皮青鱼肉。

2. 要清除青鱼的脊椎骨和肋骨。

3. 进行反刀剞时，刀身与鱼肉表面成 30°角，与鱼肉宽边成 45°角，刀纹深至鱼皮，间距为 12 mm 且保持均匀。

质量指标

1. 葡萄形青鱼造型美观、逼真，"葡萄粒"大小均匀。

2. 葡萄形青鱼形态完整无破损。

3. 刀纹深至鱼皮，间距为 12 mm。

松鼠形鳜鱼

操作准备

工具准备

（1）片刀 1 把。

（2）塑料砧板 1 个（建议长 600 mm，宽 400 mm，厚 30 mm）。

（3）不锈钢长方盘 1 个（建议长 400 mm，宽 300 mm）。

（4）筷子 1 双。

原料准备

重约 600 g 的鲜活鳜鱼 1 条。

| 原料加工与配菜

操作步骤

步骤1 刮去鳜鱼的鱼鳞，用手挖出鱼鳃，用片刀在鳜鱼肛门处划一刀，并将筷子从鳜鱼的口部插入腹部，卷出内脏，用水将鳜鱼冲洗干净；左手抓住鳜鱼，将其头部朝左、背部朝外、腹部朝里，平放在砧板上，用片刀沿着胸鳍后端垂直地劈下鱼头，如图4-12所示，将鱼头后部用片刀修圆润，放入不锈钢长方盘。

图4-13 将鱼肉与脊椎骨分离

步骤3 将一片鳜鱼肉皮朝下，横放在砧板上，采用拉刀剞的刀法，使刀身与鳜鱼肉表面成45°角，在距较宽一端40 mm处剞一刀，刀纹深至鱼皮；接着采用平刀批的刀法，使刀身紧贴鱼皮，在鱼肉里向较宽一端批30 mm（留10 mm鱼肉相连）。采用上述方法每隔40 mm先剞一刀再批一刀，在鱼肉上形成一组平行斜刀纹，如图4-14所示。

图4-12 劈下鱼头

步骤2 将鳜鱼顺长平放在砧板上，使刀身紧贴着背鳍，从前向后批入鱼肉，越过脊椎骨，在距离尾鳍30 mm处停刀，使鱼肉与脊椎骨分离，如图4-13所示；采用同样的方法，将另一侧鱼肉与脊椎骨分离，分离得到的两片鱼肉应对称且尾部相连，用刀跟劈断分离的脊椎骨；采用拉刀批的刀法，批去鱼肉中的肋骨。

图4-14 在鳜鱼肉上剞出一组平行斜刀纹

步骤4 将这片鳜鱼肉旋转90°，采用直刀剞的刀法，剞出与斜刀纹相交的一组平行直刀纹，其间距为10 mm、深至鱼皮；同样，将另一片鳜鱼肉也精加工一遍。剞好刀纹的鳜鱼肉如图4-15所示。

图4-15 剞好刀纹的鳜鱼肉

步骤5 用手提起鱼尾，并用清水冲洗一下，使鱼肉向下翻；将鱼尾从两片鱼肉中间穿过，使其向上翘，将呈松鼠形的鱼体摆在不锈钢长方盘内鱼头的后面，如图4-16所示。

图4-16 将松鼠形鳜鱼装盘

操作关键

1. 选用重约600 g、外皮无破损的鲜活鳜鱼。
2. 要清除鳜鱼的内脏，但不可采用剖腹取脏的方法。
3. 在剞刀纹时，要将刀跟往上提，用刀尖在鱼肉上剞刀纹，且保持刀身与鳜鱼肉表面的角度一致。
4. 进行平刀批时，刀身要紧贴着鱼皮向前批，但不能弄破鱼皮。

质量指标

1. 松鼠形鳜鱼造型美观、逼真。

2. 松鼠形鳜鱼形态完整，无残缺或破损，两面鱼肉上的花刀纹要对称，做到间距相等和深度一致。

3. 刀纹深至鱼皮，斜刀纹间距约40 mm，直刀纹间距约10 mm。

| 原料加工与配菜

盘龙形河鳗（正环形与斜环形）

:::操作准备:::

工具准备

（1）片刀1把。
（2）塑料砧板1个（建议长600 mm，宽400 mm，厚30 mm）。
（3）不锈钢圆盘2个（建议直径250 mm）。
（4）筷子1双。

原料准备

重约750 g的鲜活河鳗2条。

操作步骤

步骤1 用左手勾住河鳗头部下方约80 mm处，将其头部朝左、背部朝下，横放在砧板上，先在河鳗的喉部割一刀，割至脊椎骨，再在肛门处割一刀，将筷子从河鳗的肛门刀口处插进鱼腹内，如图4-17所示，用力卷出内脏；然后用右手大拇指翻开两侧鳃盖，用右手食指配合大拇指将鱼鳃挖出；最后用清水反复冲洗河鳗。

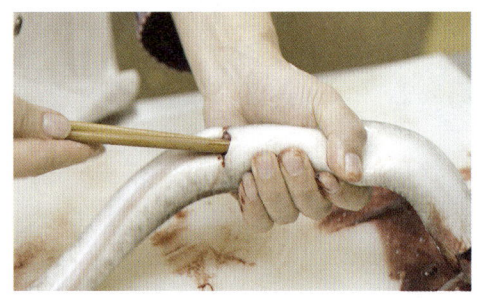

图4-17 将筷子从肛门刀口处插进鱼腹内

步骤2 把河鳗放在不锈钢圆盘内，倒入80 ℃的热水泡烫①，并用筷子轻轻地搅拌，等河鳗体表的黏液凝固，再用片刀轻轻地刮去，如图4-18所示，并用清水冲洗干净。

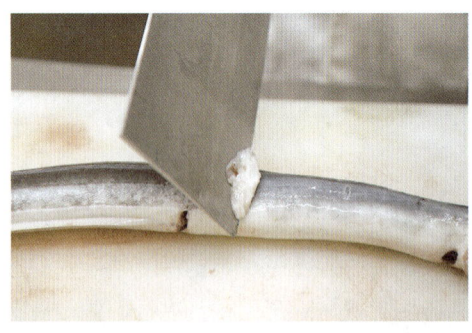

图4-18 用片刀轻轻地刮去河鳗体表凝固的黏液

---

①海鳗不需要用热水泡烫，可直接用水清洗体表的黏液和血液。

步骤3 当精加工成正环形时,用左手捏住河鳗身体,将其头部朝左、背部朝上,横放在砧板上,采用推刀剞的刀法,在河鳗喉部刀口后约 20 mm 处的背部鱼皮剞入,剞断脊椎骨,再将刀刃紧贴着脊椎骨向前平批 3 mm,如图 4-19 所示,留腹部的皮肉相连;采用上述方法,向鱼尾方向每隔 10 mm 剞一刀,剞至距河鳗尾端约 50 mm 处停刀。

图 4-19 剞断脊椎骨再向前平批 3 mm（正环形）

当精加工成斜环形时,用左手捏住河鳗身体,将其头部朝外、背部向上,顺长放在砧板上,采用反刀剞的刀法,使刀身与河鳗背部成 30° 角,从河鳗头部后约 20 mm 处的背部鱼皮剞入,剞断脊椎骨,留腹部皮肉相连,以此方法向鱼尾方向每隔 20 mm 剞一刀,如图 4-20 所示,剞至距尾端约 30 mm 处停刀,形成一组平行斜刀纹;将河鳗向左旋转 90°,使其头部朝左、背部向上,采用拉刀剞的刀法,从河鳗靠近头部的斜刀纹中间剞入,深度为 10 mm（斜刀纹间距的一半）,如图 4-21 所示,向鱼尾方向依次在其他斜刀纹中间各剞一刀。

图 4-20 反刀剞出一组平行斜刀纹（斜环形）

图 4-21 拉刀剞入斜刀纹的中间（斜环形）

步骤4 用手提起河鳗的尾部,并用清水冲洗一下,将其头部向上、背部向外,用其身体绕着头部围成盘龙形,放入不锈钢圆盘,如图 4-22 所示。

/ 原料加工与配菜

a) b)

图 4-22 将盘龙形河鳗装盘
a）正环形　b）斜环形

操作关键

1. 选用重约 750 g、肉质厚、外皮无破损的鲜活河鳗。
2. 要清除河鳗的内脏，但不可采用剖腹取脏的方法。
3. 要清除河鳗体表的黏液，注意用热水泡烫河鳗时，水温不宜过高或过低。
4. 在河鳗背部鱼皮处剞花刀时，要剞断脊椎骨，且保持腹部皮肉相连。

质量指标

1. 盘龙形河鳗（正环形与斜环形）造型美观、逼真。

2. 盘龙形河鳗（正环形与斜环形）形态完整，无残缺或破损。

3. 当精加工成正环形时，从背部鱼皮处入刀，剞断脊椎骨，刀纹间距约 10 mm。

4. 当精加工成斜环形时，从背部鱼皮处入刀，剞断脊椎骨，斜刀纹间距 20 mm，从斜刀纹中间剞入的刀纹深度是 10 mm。

多菱形鳊鱼

操作准备

工具准备

（1）片刀1把。

（2）塑料砧板1个（建议长600 mm，宽400 mm，厚30 mm）。

（3）不锈钢长方盘1个（建议长400 mm，宽300 mm）。

原料准备

重约500 g的鲜活鳊鱼1条。

操作步骤

步骤1 将鳊鱼放在砧板上，先刮去鱼鳞，再用手挖出鱼鳃，然后在上腹部剖腹取出鳊鱼的内脏，清洗干净；将鳊鱼头部朝左、背部朝里，横放在砧板上，将刀跟往上提，使刀尖下垂，同时使刀身与鳊鱼背部成45°角，采用推刀剞的刀法，在鳊鱼背部距离背鳍约15 mm的皮肉处下刀，向腹部方向剞出间距20 mm的一组平行直刀纹，如图4-23所示，刀纹深至脊椎骨。

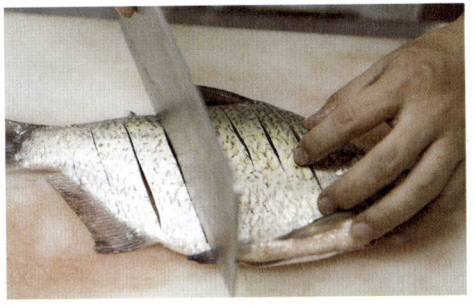

图4-23 在鳊鱼身上剞出一组平行直刀纹

步骤2 将鳊鱼旋转90°，使其头部朝里、背部朝右，仍采用推刀剞的刀法，从鳊鱼背部的皮肉处下刀，向腹部方向剞出间距20 mm、与直刀纹所成角度为60°的另一组平行直刀纹，形成多菱形刀纹，如图4-24所示；将鳊鱼翻面，采用同样的方法，在另一面再剞

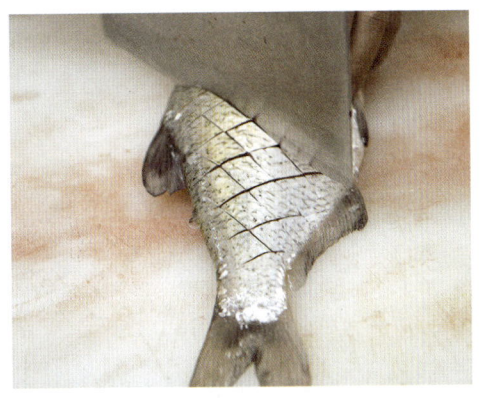

图4-24 在鳊鱼身上剞出另一组平行直刀纹以形成多菱形刀纹

一遍，刀纹的间距、长度和深度要求同前，两面鱼肉上的刀纹应对称。

步骤3 将多菱形鳊鱼冲洗一下，横着放入不锈钢长方盘，如图4-25所示。

图4-25 将多菱形鳊鱼装盘

操作关键

1. 选用新鲜、无异味、重约500 g、肉质厚、外皮无破损的鲜活鳊鱼。

2. 要清除鳊鱼的内脏，剖腹的刀口要开在上腹部，且刀口不宜太大，以能取出内脏为宜。

3. 两面鱼肉上的刀纹要对称，做到间距和长度相等，深度一致。

4. 进行推刀剖时，要将刀跟往上提，用刀尖从背部皮肉处下刀，注意不要剖破鱼的腹部，也不要剖断脊椎骨和肋骨。

质量指标

1. 多菱形鳊鱼的刀纹整齐美观，两面对称。

2. 多菱形鳊鱼形态完整，无残缺或破损。

3. 刀纹深至脊椎骨，间距约20 mm。

麒麟形鳜鱼

操作准备

工具准备

（1）片刀1把。
（2）塑料砧板1个（建议长600 mm，宽400 mm，厚30 mm）。
（3）不锈钢长方盘1个（建议长400 mm，宽300 mm）。

原料准备

重约600 g的鲜活鳜鱼1条。

操作步骤

步骤1 刮去鳜鱼的鱼鳞，用手挖出鱼鳃，从鳜鱼的上腹部划一刀，取出内脏，用水将鳜鱼冲洗干净；左手抓住鳜鱼，将其头部朝左、背部朝外，横放在砧板上，用片刀沿着胸鳍后端垂直地劈下鱼头，再沿着臀鳍前端垂直地劈下鱼尾，如图4-26所示，并将鱼头后部用片刀修圆润，放在不锈钢长方盘内；将刀刃沿着鱼尾的刀口，紧贴着尾椎骨向尾鳍方向批开两面的鱼肉，劈下尾椎骨，如图4-27所示；用两面的鱼肉托起臀鳍和尾鳍，将鱼尾摆放在不锈钢长方盘内。

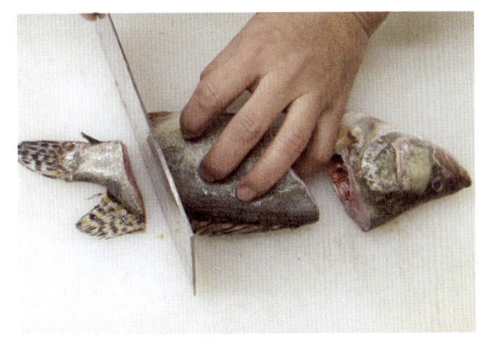

图4-26 劈下鱼头和鱼尾

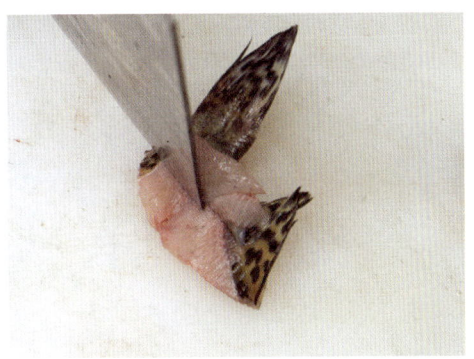

图4-27 劈下尾椎骨

步骤2 将鳜鱼背部朝右，顺长放在砧板上，使刀身紧贴着背鳍，从右向左批入鱼肉至脊椎骨，如图4-28所示；将鱼的身体向左旋转90°，将刀身紧贴着脊椎骨批向尾部,使鱼肉与脊椎骨分离。采用同样的方法,使另一面鱼肉与脊椎骨分离,将脊椎骨摆在不锈钢长方盘中鱼头和鱼尾之间。

表面成30°角,采用拉刀批的刀法,每隔20 mm批一刀;采用同样的方法将另一片鳜鱼肉也批一遍,刀距同前;将批好的鳜鱼片鱼皮向上,一片贴一片整齐地摆放在不锈钢长方盘中脊椎骨的两侧,如图4-30所示。

图4-28 将刀身紧贴着背鳍批入鱼肉

步骤3 采用拉刀批的刀法,分别批去两片鳜鱼肉的肋骨,如图4-29所示。

图4-30 将麒麟形鳜鱼摆盘

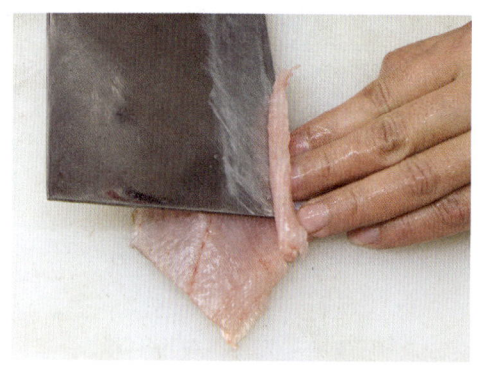

图4-29 批去鳜鱼肉的肋骨

步骤4 将一片鳜鱼肉皮向下、肉向上,横放在砧板上,将刀跟往上提,使刀尖紧贴着鱼肉,同时使刀身与鱼皮

操作关键

1. 选用新鲜、无异味、重约600 g、肉质厚、外皮无破损的鲜活鳜鱼。

2. 要清除鳜鱼的内脏,可在上腹部开一刀口。

3. 进行拉刀批(批鳜鱼片)时,要将刀跟往上提,用刀尖批,同时控制刀身与鱼皮表面的角度。

质量指标

1. 麒麟形鳜鱼造型美观、逼真。

2. 麒麟形鳜鱼形态完整，无残缺或破损，两侧鱼片大小一致。

3. 鱼片上鱼皮与鱼肉的角度为 30°，宽度为 20 mm。

人字形黄鳝

操作准备

工具准备

（1）片刀 1 把。

（2）塑料砧板 1 个（建议长 600 mm，宽 400 mm，厚 30 mm）。

（3）不锈钢圆盘 1 个（建议直径 250 mm）。

（4）筷子 1 双。

原料准备

重约 400 g 的鲜活黄鳝 1 条。

操作步骤

步骤1 用右手中指关节勾住黄鳝头部下方约 80 mm 处，如图 4-31 所示，使其头部朝右、背部朝上，用力地将黄鳝头部在砧板上敲打，将黄鳝敲晕。或用左手中指关节勾住黄鳝头部下方约 80 mm 处，右手用刀背用力地敲打黄鳝的头部，将黄鳝敲晕。

图 4-31 用右手中指关节勾住黄鳝

步骤2 用左手握住黄鳝头部，将其横放在砧板上，右手持刀在黄鳝喉部和肛门处各割一刀，深至脊椎骨，将筷子从黄鳝的喉部刀口处插进腹部,如图 4-32 所示,用力卷出内脏,并用清水反复冲洗黄鳝。

纹,如图 4-33 所示。

图 4-32 将筷子从黄鳝的喉部刀口处插进腹部

图 4-33 形成人字形刀纹

步骤 4 用水冲洗加工好的黄鳝,将其头部向上、背部向外,放入不锈钢圆盘,如图 4-34 所示。

步骤 3 用左手捏住黄鳝头部下方,将其背部朝上,横放在砧板上,使刀身与鱼身长度方向成 45°角,将刀跟往上提,使刀尖紧贴着背部鱼皮,采用推刀剞的刀法,从黄鳝头部后约 30 mm 处剞入,剞至脊椎骨,剞出长 20 mm、间距 30 mm 的一组平行直刀纹,在距尾部 50 mm 处停刀;将黄鳝旋转 90°,使其头部朝里、背部朝上,用刀尖在每条直刀纹的中间处,朝反方向推刀剞出长约 10 mm、与直刀纹相交的另一组平行直刀纹,形成人字形刀

图 4-34 将人字形黄鳝装盘

操作关键

1. 选用重约 400 g、肉质厚、外皮无破损的鲜活黄鳝。
2. 要清除黄鳝的内脏，但不可采用剖腹取脏的方法。
3. 在黄鳝背部鱼皮处入刀，在皮肉上剞刀纹，保持刀纹均匀。

质量指标

1. 人字形黄鳝造型美观。

2. 人字形黄鳝形态完整，无残缺或破损，刀纹长度、间距和深度均匀一致。

3. 刀纹深至脊椎骨，长刀纹与短刀纹各自平行，二者构成宽约 30 mm 的人字形刀纹。

任务 3 海鱼的全鱼精加工

 任务目标

1. 能描述海鱼全鱼精加工的主要刀法
2. 能描述海鱼全鱼精加工的操作关键
3. 能描述海鱼全鱼精加工的运用实例
4. 能对部分海鱼进行全鱼精加工

 知识准备

一、海鱼全鱼精加工的主要刀法

进行海鱼的全鱼精加工时，综合运用直刀法中劈的刀法，劈下鱼头和脊椎骨；综合运用平刀法中拉刀批的刀法，批去脊椎骨上的鱼肉；综合运用美化刀法中直刀剞、推刀剞和斜刀剞的刀法，对鱼肉进行美化。

对海鱼进行初步加工时，为了去除鱼鳞和内脏，常采用刮、剖等刀法。在对大黄鱼和鲵鱼进行初步加工时，还要采用削的刀法，去除腥味特别重的头盖皮。

二、海鱼全鱼精加工的操作关键

1. 初步加工要符合精加工的要求，要保留鱼头和鱼尾，并保证鱼的表皮和外形不破损。

2. 严格按照工艺流程的先后顺序进行加工，如进行花式剞时，要注意两种剞法的先后顺序，原则上先剞斜刀纹再剞直刀纹，先剞浅刀纹再剞深刀纹。

3. 选择正确的刀法将原料加工成形。例如：在鱼肉上剞花刀时，不可剞穿或剞断原料；从鱼皮上开始剞花刀时，除了盘龙形，其他形态不可剞断脊椎骨和肋骨；采用切或批的刀法时，必须切断或批断原料。

4. 要做到刀纹深浅一致、间距相等。

5. 要保持鱼身两面的刀纹对称、均匀。

三、海鱼全鱼精加工的运用实例

海鱼全鱼精加工的运用实例如下：将大小适宜的海鱼，如大黄鱼、鲵鱼、鲳鱼、多宝鱼、石斑鱼等，经过精细刀工美化，形成牡丹形、松鼠形、多菱形、麒麟形、柳叶形、月牙形、斜一字形等美观的形态；将体型细长、肉质细嫩的全鱼，如海鳗、带鱼等，经过精细刀工美化，形成盘龙形和人字形的美观形态。

 知识拓展

海鱼品种繁多，特点各异。有洄游习性的海鱼具有肉质滑嫩而紧实、刺少的特点，如鲑鱼、鳟鱼、海鳗、银鱼和鲥鱼都属于这类鱼。只有熟悉海鱼的特点，才能选择最适宜的烹调方法和调味方式，做到既保留海鱼本身独特的风味，又增添海鱼的美味。对于脂肪含量高的海鱼，如鲥鱼、海鳗、银鲳、海鲈鱼等，为突出其鲜香风味，最适宜的烹调方法是清蒸。下面介绍几种常用的海鱼。

一、大黄鱼

大黄鱼曾是我国重要的经济鱼类之一，它体长而侧扁，尾柄细长，体表呈金黄色，肉质较松呈蒜瓣状，烹制后细嫩、鲜香。大黄鱼含有丰富的蛋白质、微量元素硒和维生素，能清除人体代谢产生的自由基，有和胃止血、益肾补虚、健脾开胃、安神止痢、益气填精之功效，对贫血、食欲不振、失眠、头晕有一定的食疗作用。

二、海鳗

海鳗生活在海洋中，躯体比河鳗大，鱼皮、鱼肉含有丰富的胶原蛋白，鱼皮光滑、肥厚，鱼肉硬实但不失细嫩，脂肪含量较多，无小刺。

三、银鲳

银鲳体短而高，极侧扁，略呈菱形，体表大部分呈银白色，体上部微呈青灰色，头较小，吻圆，口小，牙细。成鱼腹鳍消失，尾鳍分叉颇深。银鲳鱼肉性平、味甘，具有益气养血、补胃益精、滑利关节、柔筋利骨的作用。银鲳鱼肉含有丰富的蛋白质、不饱和脂肪酸以及微量元素硒和镁，有降低胆固醇、预防冠状动脉硬化等心血管疾病、延缓机体衰老的作用。

四、带鱼

带鱼的背鳍很长，胸鳍小，无腹鳍，臀鳍退化呈短刺状，鳞片退化成体表的银白色膜。

五、青花鱼

青花鱼鱼肉中的组氨酸含量较高,组氨酸在其死后易变成组胺,误食可导致中毒,所以,青花鱼应趁鲜食用或干制、腌制后食用。

 操作技能

松鼠形大黄鱼

操作准备

工具准备

(1)片刀1把。

(2)塑料砧板1个(建议长600 mm,宽400 mm,厚30 mm)。

(3)不锈钢长方盘1个(建议长400 mm,宽300 mm)。

(4)筷子1双。

原料准备

重约500 g的新鲜大黄鱼1条。

操作步骤

步骤1 先刮去大黄鱼的鱼鳞,再用刀跟削去大黄鱼的头盖皮,然后用手挖出鱼鳃,用片刀在大黄鱼的肛门处划一刀,并将筷子从大黄鱼的口部插入腹部,卷出内脏,如图4-35所示,用水将大黄鱼冲洗干净。

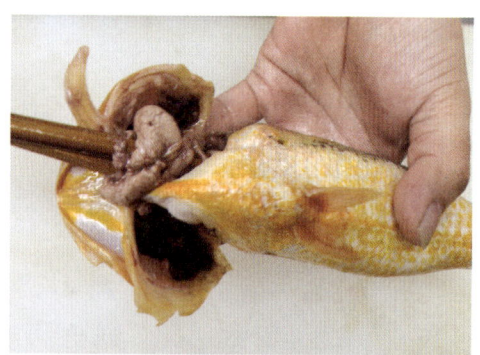

图4-35 卷出大黄鱼的内脏

步骤2 左手抓住大黄鱼,将其头部朝右、背部朝里,横放在砧板上,用刀刃沿着胸鳍后端垂直地劈下大黄鱼的鱼头,如图4-36所示,将鱼头后部用

片刀修圆润,放入不锈钢长方盘。

图 4-36　劈下大黄鱼的鱼头

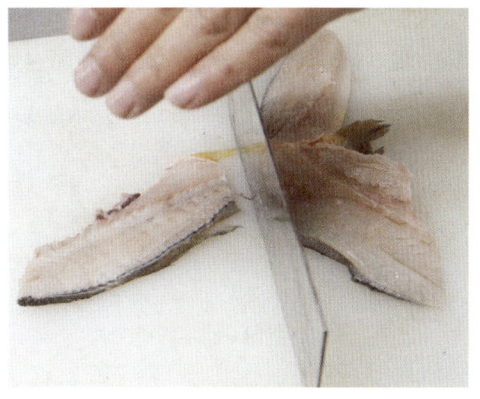

图 4-38　劈下分离的脊椎骨

步骤 3　将大黄鱼背部朝右,顺长放在砧板上,使刀身紧贴着背鳍,从前向后批入鱼肉,如图 4-37 所示,越过脊椎骨,在距离尾鳍 30 mm 处停刀,将鱼肉与脊椎骨分离;采用同样的方法,将另一面的鱼肉与脊椎骨分离,分离得到的两片鱼肉长度应一致且尾部相连;用刀跟劈下分离的脊椎骨,如图 4-38 所示;采用拉刀批的刀法,分别批去两片鱼肉的肋骨。

步骤 4　取一片鱼肉,将鱼肉朝上、鱼尾朝里,横放在砧板上,采用反刀剞的刀法,使刀身与鱼肉表面成 30°角,同时与鱼肉边端成 45°角,剞出深至鱼皮、间距为 15 mm 的一组平行斜刀纹,剞至鱼尾相连处停刀;将鱼肉向右旋转 90°,采用直刀剞的刀法,剞出深至鱼皮、间距为 15 mm、与斜刀纹相交的一组平行直刀纹,如图 4-39 所示;采用上述方法,将另一片鱼肉也剞一遍。

步骤 5　用手提起大黄鱼的鱼尾冲洗,并把鱼肉向下翻,将鱼尾从两片鱼肉中间穿过使其向上翘,将呈松鼠形的鱼体摆在不锈钢长方盘内鱼头的后面,如图 4-40 所示。

图 4-37　从前向后批入鱼肉

| 原料加工与配菜

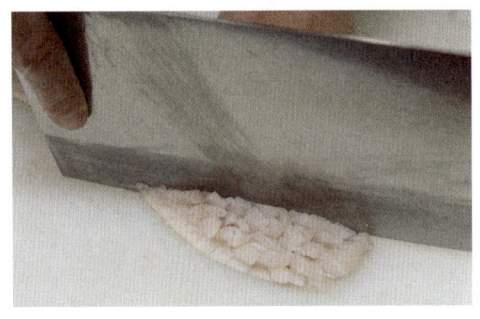

图 4-39　剞出一组平行直刀纹

图 4-40　将松鼠形大黄鱼装盘

操作关键

1. 选用新鲜、无异味、重约 500 g、肉质厚、外皮无破损的大黄鱼。

2. 要清除大黄鱼的内脏，但不可采用剖腹取脏的方法。

3. 进行反刀剞或直刀剞时，要将刀跟往上提，用刀尖剞在鱼肉上，且控制好刀身与鱼肉的角度。

4. 在鱼肉上剞刀纹时，不要剞破鱼皮。

质量指标

1. 松鼠形大黄鱼造型美观、逼真。

2. 松鼠形大黄鱼形态完整，无残缺或破损。

3. 两侧刀纹对称，刀纹深至鱼皮，斜刀纹和直刀纹间距均为 15 mm。

多菱形鲳鱼

操作准备

工具准备

（1）片刀1把。

（2）塑料砧板1个（建议长600 mm，宽400 mm，厚30 mm）。

（3）不锈钢长方盘1个（建议长400 mm，宽300 mm）。

原料准备

重约400 g的新鲜鲳鱼1条。

操作步骤

步骤1 用片刀在鲳鱼鱼皮上刮一遍，用手挖出鱼鳃，剖腹取出内脏，用清水冲洗干净；将鲳鱼头部朝右、背部朝外，横放在砧板上，将刀跟往上提，使刀尖下垂，同时使刀身与鱼背成45°角，采用推刀剞的刀法，在鲳鱼皮肉上剞出间距15 mm的一组平行直刀纹，如图4-41所示，直刀纹要距离背部和腹部边缘各20 mm，深至脊椎骨和肋骨。

图4-41 推刀剞出一组平行直刀纹

步骤2 把鲳鱼旋转90°，使其头部朝外、背部朝左，仍采用推刀剞的刀法，在鲳鱼皮肉上剞出间距15 mm、与前一组直刀纹成60°角的另一组平行直刀纹，形成多菱形刀纹，如图4-42所示；把鲳鱼翻面，采用同样的方法在另一面再剞一遍，刀纹的间距、长度和深度要求同前，两面鱼肉上的刀纹应对称。

图4-42 推刀剞出另一组平行直刀纹以形成多菱形刀纹

步骤 3 将多菱形鲳鱼冲洗一下，横着放入不锈钢长方盘，如图 4-43 所示。

图 4-43　将多菱形鲳鱼装盘

操作关键

1. 选用重约 400 g、肉质厚、外皮无破损的新鲜鲳鱼。
2. 要清除鲳鱼的内脏，剖腹的刀口不能太大，以能取出内脏为宜。
3. 进行推刀剖时，要将刀跟往上提，使刀尖紧贴在皮肉上。
4. 在鲳鱼皮肉上剖刀纹时，不要剖断脊椎骨和肋骨。

质量指标

1. 多菱形鲳鱼的刀纹整齐美观，两面对称。
2. 多菱形鲳鱼形态完整，无残缺或破损。
3. 从鱼皮入刀，刀纹深至脊椎骨和肋骨，刀纹间距相等，约 15 mm。

柳叶形鲳鱼

操作准备

工具准备

（1）片刀1把。

（2）塑料砧板1个（建议长600 mm，宽400 mm，厚30 mm）。

（3）不锈钢长方盘1个（建议长400 mm，宽300 mm）。

原料准备

重约400 g的新鲜鲳鱼1条。

操作步骤

步骤1 用片刀在鲳鱼鱼皮上刮一遍，用手挖出鱼鳃，剖腹取出内脏，用清水冲洗干净；将鲳鱼头部朝里、背部朝左，顺长放在砧板上，将刀跟往上提，使刀尖下垂，采用推刀剞的刀法，在鲳鱼脊椎骨上方的皮肉上剞出一条深至脊椎骨，距离头部和尾鳍约20 mm的直刀纹，如图4-44所示。

步骤2 沿脊椎骨上的直刀纹，在距鲳鱼头部30 mm处开始，采用推刀剞的刀法，剞出4条间距约30 mm、向背鳍弯曲的直刀纹，在距离背鳍20 mm处停刀，刀纹深至脊椎骨，如图4-45所示。

图4-44 推刀剞出一条直刀纹

图4-45 推刀剞出4条向背鳍弯曲的直刀纹

步骤3 采用推刀剞的刀法，沿脊椎骨上的直刀纹，在背部相邻两条弯曲的直刀纹中间分别剞出向腹鳍弯曲的直刀纹，在距离腹鳍20 mm处停刀，刀纹（共3条）深至肋骨，如图4-46所示；将鲳鱼翻面，采用同样的方法，在鲳鱼另一面再剖一遍，两面的刀纹应对称，间距、长度和深度要求同前。

步骤4 将鲳鱼用清水冲洗一下，放入不锈钢长方盘，如图4-47所示。

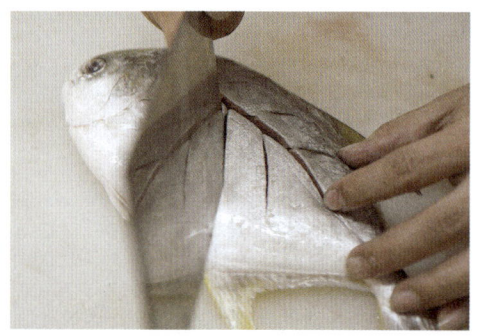

图4-46 推刀剖出3条向腹鳍弯曲的直刀纹

图4-47 将柳叶形鲳鱼装盘

操作关键

1. 选用重约400 g、肉质厚、外皮无破损的新鲜鲳鱼。
2. 要清除鲳鱼的内脏，剖腹的刀口不能太大，以能取出内脏为宜。
3. 进行推刀剖时，要将刀跟往上提，使刀尖紧贴在皮肉上。
4. 在鲳鱼两面均匀地剖出类似叶脉的刀纹，背部刀纹深至脊椎骨，略向背鳍弯曲，距离背鳍20 mm；腹部刀纹深至肋骨，略向腹鳍弯曲，距离腹鳍20 mm。
5. 在鲳鱼皮肉上剖刀纹时，不要剖断脊椎骨和肋骨。

质量指标

1 柳叶形鲳鱼造型美观、逼真，背部刀纹要向背鳍方向弯曲，腹部刀纹要向腹鳍方向弯曲。

2 柳叶形鲳鱼形态完整，无残缺或破损。

3 从鱼皮入刀，刀纹深至脊椎骨和肋骨，刀纹间距约30 mm。

练习与检测

一、判断题（将判断结果填入括号中，正确的填"√"，错误的填"×"）

1. 常见的食用鱼主要属于软骨鱼系。（　　）
2. 松鼠形刀纹是采用推刀剞、直刀剞等刀法形成的。（　　）
3. 柳叶形刀纹是采用拉刀剞或直刀剞的刀法形成的。（　　）
4. 海鱼刺少，肌肉富有弹性，有的海鱼其肌肉呈蒜瓣状，风味独特。（　　）
5. 带鱼的背鳍很长，胸鳍小，无腹鳍，臀鳍退化呈短刺状，鳞片退化成体表的银白色膜。（　　）

二、单项选择题（选择一个正确的答案，将相应的字母填入题内的括号中）

1. 某些海鱼在烹制时不易保持形态，是因为其（　　）之间的肌鞘很薄，加热时易溶解。

　　A. 结缔组织　　　B. 肌肉　　　C. 脂肪　　　D. 骨骼

2. 全鱼精加工的刀法与烹调方法有密切关系，一般剞适合的烹调方法是（　　）。

　　A. 清蒸　　　B. 脆熘　　　C. 葱爆　　　D. 红烧

3. 青鱼与草鱼的区别包括（　　）。

　　A. 青鱼头部尖而扁平，草鱼头部宽而短且圆润
　　B. 青鱼外皮呈青黑色，草鱼外皮呈青黄色
　　C. 青鱼嘴形呈圆弧状，草鱼嘴形呈尖锥状
　　D. 青鱼鳞片呈现明显的直线状，草鱼鳞片呈现明显的网线状

4. 鳜鱼体内含有毒素的部位是（　　）。

　　A. 背鳍前部的硬刺　　　　　　B. 牙齿
　　C. 鳞片　　　　　　　　　　　D. 肝脏

5. （　　）曾是我国重要的经济鱼类之一，它体长而侧扁，尾柄细长，体表呈金黄色，肉质较松呈蒜瓣状，烹制后细嫩、鲜香。

　　A. 大黄鱼　　　B. 小黄鱼　　　C. 黄婆鱼　　　D. 海鲈鱼

三、多项选择题（选择两个或两个以上正确的答案，将相应的字母填入题内的括号中）

1. 适合进行全鱼精加工的鱼类应具有（　　）的特点。

   A. 鱼肉厚实　　　　　　　　B. 鱼肉薄嫩

   C. 鱼皮韧性大　　　　　　　D. 鱼皮韧性小且厚

   E. 鱼肉无筋

2. 进行全鱼精加工时，运用较多的刀法是（　　）。

   A. 剞　　　　　　　　　　　B. 雕

   C. 削　　　　　　　　　　　D. 批

   E. 劈

3. 鲑鱼的特征包括（　　）。

   A. 体侧扁，背部隆起　　　　B. 齿圆润，鳞片细小且呈银白色

   C. 齿尖锐，鳞片细小且呈银灰色　D. 体表在产卵期有橙色条纹

   E. 鱼肉紧密鲜美，呈粉红色并有弹性

4. 海鳗的特征包括（　　）。

   A. 鱼肉硬实但不失细嫩　　　B. 脂肪含量较多

   C. 无小刺　　　　　　　　　D. 鳞片细小，呈银白色

   E. 鱼皮光滑、肥厚

5. 柳叶形花刀加工的操作关键包括（　　）。

   A. 在原料两面均匀地剞出类似叶脉的刀纹

   B. 刀纹间距一致

   C. 刀纹间距不一致

   D. 操作时刀刃要左右抖动

   E. 操作时刀刃要上下抖动

参考答案

一、判断题

1. ×　　2. ×　　3. ×　　4. √　　5. √

二、单项选择题

1. A　　2. A　　3. B　　4. A　　5. A

三、多项选择题

1. ACE　　2. AD　　3. ACDE　　4. ABCE　　5. AB

项目 5　植物性原料美化（大刀花）

任务导入

- 概念
- 原料
- 器皿运用
- 加工工艺流程
- 操作关键

植物性原料美化（大刀花）

植物形大刀花

柳叶形莴笋片
梅花形胡萝卜片
莲花形白萝卜片
绿萝形黄瓜块
菊花形（绣球形）白萝卜片

动物形大刀花

蝴蝶形胡萝卜片
飞蝶形胡萝卜片
鸽子形白萝卜片
兔子形白萝卜片
金鱼形胡萝卜片
飞燕形心里美萝卜片
松鼠形胡萝卜片

项目 5　植物性原料美化（大刀花）

任务 1

植物性原料美化（大刀花）基础

 任务目标

1. 能描述植物性原料美化（大刀花）的发展和概念
2. 能选择适用于加工成大刀花的植物性原料
3. 能描述植物性原料美化（大刀花）的操作关键
4. 能描述植物性原料美化（大刀花）的运用实例

 知识准备

一、植物性原料美化（大刀花）的发展和概念

1. 大刀花的发展

在古代，刀工与烹调合称为割烹。有句俗话叫"七分墩子，三分锅匠；三分墩子，七分锅匠"，这句话就说明了刀工与烹调的辩证关系。烹饪行业要求厨师不仅精通烹调技术，还要重视刀工技术。

唐宋时期的能工巧匠可以在煮熟的鸡蛋上雕琢，于是出现了我国最早的食品雕刻作品——琢卵。

到了明清时期，大刀花技术已经达到相当高的水平，瓜灯、瓜盅、瓜船以及龙凤组合雕刻都十分精致。

如今，大刀花技术水平有了较大的提升，植物性原料经刀工处理形成的形态种类也有所增加。经过厨师综合运用切、批、剞等多种刀法加工后的植物性原料，既有花、叶、果等植物造型，也有鱼、鸟、兽等动物造型。

2. 大刀花的概念

大刀花又称平雕，它以切、批、剞为基础，综合运用刮、拍、捶、剁等方

/179

法，具有要求高、技术性强的特点。大刀花与直切、推切、正刀斜批和反刀斜批相似，只是不需要将原料切断或批断。

刮、拍、捶、剜的刀法不仅在大刀花加工时运用，也是原料初步加工的主要刀法。刮是指去除原料表皮或污垢的刀法。拍是指将姜、葱等原料拍碎使其容易出味，或将其他原料拍至厚薄均匀、酥松、容易入味的刀法。捶是指用刀背将原料砸成泥茸状的刀法。剜是指取出瓜瓤的刀法。

二、植物性原料美化（大刀花）的选料要求

适用于加工成大刀花的植物性原料应具有质地嫩、韧中带脆、无筋、能收缩、肉质紧实、形大体厚的特点，如萝卜（包括白萝卜、胡萝卜、青萝卜、心里美萝卜等）、莴笋、南瓜、芋头、茭白、黄瓜等。十字花科的蔬菜如卷心菜、荠菜、芫荽、花椰菜、西蓝花、韭菜花、塌菜等，不适宜加工成大刀花。

三、植物性原料美化（大刀花）的操作关键

1. 在进行植物性原料美化（大刀花）加工之前，要根据其造型和用途进行整体的设计。

2. 初步加工要符合大刀花加工要求，原料表皮和肉质不应受损。

3. 严格按照工艺流程的先后顺序进行加工，一般先将轮廓定形，再进行精工细雕。

4. 大刀花的刀纹深度宜控制为原料厚度的 1/3 或 2/3、1/4 或 3/4、3/5 或 4/5。

5. 用作菜肴辅料的大刀花片要厚薄均匀，大小不要超过主料。

6. 加工立体的大刀花造型时，其整体效果要与菜肴的原料、器皿和谐搭配。

7. 加工对称式的半立体大刀花造型时，要保持两面的刀纹对称、均匀。

8. 用于装饰的大刀花造型不宜过大，不要超过菜肴器皿的 2/3。

四、植物性原料美化（大刀花）的运用实例

植物性原料美化（大刀花）的运用实例如下：可将植物性原料加工成植物形、动物形的花式造型薄片，如柳叶形、梅花形、莲花形、蝴蝶形、鸽子形、兔子形、金鱼形、飞燕形、松鼠形等，这类薄片可以用作菜肴的辅料；也可将植物性原料加工成半立体的螺旋形、渔网形、飞蝶形、麒麟形、绿萝形、菊花形的花式造型，用

于装饰菜肴。

知识拓展

一、美学与烹饪美学的概念

美学是为研究美的本质及其意义而设立的一门学科。

烹饪美学是在美学的基础上发展形成的一门独立的学科,主要是运用美学原理来指导烹饪工艺,使烹饪作品的色泽、形态、香味、口味、质感、营养、寓意等方面更加符合美的规律,提升烹饪作品在视觉、嗅觉、味觉、触觉、听觉等方面的美感效果。烹饪美学是烹饪工艺与美学发展到一定阶段的必然产物。

二、烹饪美学的构成要素

1. 形式美法则与菜肴美学特征

形式美的表现形式多种多样,在烹饪美学的运用中,需要遵循的形式美法则是单纯与多样、对称与均衡、调和与对比、比例与尺度、变化与统一、联想与意境。

烹饪作品的形态特别重要,在制作过程中一定要重视造型的设计,为烹饪作品设计出美观的形态。菜肴造型及其美学特征见表5-1。

表5-1　菜肴造型及其美学特征

菜肴造型	具体形象	美学特征
几何造型	方形、圆形、三角形、梯形、塔形等	造型简洁、线条优美
动物造型	孔雀、鸳鸯、金鱼、仙鹤、凤凰、雄鹰等	形象生动、有象征性
植物造型	大理菊、莲花、梅花、竹子、绿萝等	美丽浪漫
建筑造型	桥、亭、楼、台、阁等	精巧细致

2. 色彩的特点与原料的味质

人们对烹饪作品的色彩也特别敏感,运用色彩的对比与调和原理,将原料自然色彩的特点、味质与烹调方法有机结合,能够制作出色彩艳丽、赏心悦目的菜肴。常见原料色彩的特点与味质见表5-2。

表 5-2　常见原料色彩的特点与味质

色彩	特点	常见原料	味质
红色	热情、奔放	番茄、红椒、火腿等	甘、辛、咸
橙色	温暖、欢快	橙子、胡萝卜等	酸、甘
黄色	明快、活泼	玉米、娃娃菜、姜、韭黄等	甘、辛
绿色	青春、自然	芫荽、莴笋、黄瓜、荠菜、大葱、苦瓜等	甘、辛、涩、苦
紫色	高贵、典雅	紫菜、茄子、紫甘蓝等	甘、涩
白色	清净、素雅	茭白、竹笋、白萝卜、土豆、百合等	甘、辛、涩
黑色	庄重、严肃	黑芝麻、木耳、黑鱼、香菇等	香、甘

三、菜肴的装饰方法

1. 刀技法

刀技法是指运用刀工技术，将原料加工成丝、片、丁、粒等基本形态，以及花刀块、大刀花等花式形态；或运用雕刻技术，将原料雕刻成有艺术主题的立体造型。

2. 拼摆法

拼摆法是指运用冷菜或配菜的拼摆手法，将原料拼摆成象形的动物、植物、器物或自然风光，如蝴蝶冷盘、象眼鸽蛋、荷花冷盘、花篮素烩、南乳宝塔肉、八生火锅（梅、兰、竹、菊、蝶、鱼、扇、花）等。

3. 烹饪法

烹饪法是指将采用刀技法或拼摆法处理的原料，运用炸、爆、蒸、煮、烤等烹调方法使其成熟、定型。

4. 模印法

模印法是指利用各种艺术造型的模具将原料印制成形。常见的模印形状有梅花形、柳叶形、蝴蝶形、兔子形、鸽子形等。

5. 塑绘法

塑绘法是指采用多种表现手法，如塑、绘、捏等，将原料制成各种艺术造型，如双葡争艳（将鱼茸和虾茸做成两串葡萄）、鱼香鲜虾面（将虾茸挤捏成长丝状）等。

四、菜肴名称的艺术表现形式

中式菜肴无论是见诸经典的佳肴珍馐，还是散落于民间的风味小吃，都讲究原料的质感与色、形、香、味等表现形式的统一，同时还讲究"美名"。好听的菜肴名称兼具四美，即"口彩吉祥心情美""比喻精妙诗画美""联想丰富趣味美""情景交融境界美"。

1. 菜肴的命名原则

（1）菜肴命名应力求名副其实，通过菜肴名称便可知菜肴的特色或全貌。

（2）菜肴命名应力求雅致切题，不可牵强附会、生搬硬套。

（3）菜肴命名应尽可能蕴含文化典故和审美情趣，不可滥用辞藻，更不可庸俗不堪。

2. 菜肴名称在色方面的美化

（1）红色。例如，鸿运高照（烤乳猪）、大展宏图（烧鹅仔）、红红火火（水煮鱼）、红塔千层肉（乳汁肉）等。

（2）黄色。例如，珊瑚虾面（蟹黄搭配做成长丝状的虾茸）、金镶白玉钻（玉米松仁）等。

（3）绿色。例如，碧绿花枝片（青椒片搭配墨鱼片）、翡翠冬笋（荠菜末搭配冬笋片）、翡翠虾仁（豌豆炒虾仁）等。

（4）白色。例如，芙蓉鱼肚（由蛋白、牛奶与鱼肚制成）、珍珠鳜鱼米（将鳜鱼茸煮成白色圆粒）、雪月桃花（将蛋白打发成泡后搭配大虾）、雪中送炭（将蛋白打发成泡后搭配海参）、一品汤（将蛋白打散后搭配鸡里脊茸）等。

（5）紫色。例如，万紫千红（鱼香茄子）、紫气东来（紫菜蟹黄虾茸卷）等。

3. 菜肴名称在形方面的美化

（1）原料拟形法。例如，芫爆兰花肚是将猪肚加工成兰花形，合家团圆是将猪肉米加工成球状。

（2）工艺组形法。例如，鸳鸯鸡粥是将菠菜泥点缀在鸡粥上，呈现一半白一半绿或太极图；花开富贵是指牡丹形糖醋鳜鱼。

（3）寓意象形法。例如，灯影牛肉是将牛肉加工成薄如纸的片，使其呈现通红、透亮的效果；鸟语花香是将鱼片卷成牡丹形，将明虾做成小鸟形；彩蝶纷飞是将胡萝卜、茭白、莴笋、冬笋、心里美萝卜等不同色彩的原料，采用大刀花技术加工成不同造型的蝴蝶片，再搭配主料形成"彩蝶纷飞"的意境。

（4）器皿成形法。例如，雀巢鸡米是用土豆丝做出雀巢的造型，满载而归是用萝卜做出渔网的造型，金篮哈士蟆是用橙子做出花篮的造型，莲花鸡米是用洋葱做出莲花的造型，节节高升是用黄瓜做出竹节的造型。

任务 2 植物形大刀花

 任务目标

1. 能选择适用于加工植物形大刀花的原料
2. 能描述植物形大刀花的加工工艺流程
3. 能描述植物形大刀花的操作关键
4. 能描述植物形大刀花的器皿运用
5. 能加工植物形大刀花

 知识准备

一、适用于加工植物形大刀花的原料

适用于植物形大刀花的原料要具有脆、肉质厚且紧实的特点，应用最多的是根菜类的胡萝卜、白萝卜、心里美萝卜等，茎菜类的姜、莴笋、茭白等，果菜类的黄瓜、南瓜、茄子、圣女果等。

二、植物形大刀花的加工工艺流程

植物形大刀花的加工工艺流程具体如下：整体下料—局部细雕—层层去料—循序渐进。

三、植物形大刀花的操作关键

1. 选择的原料符合植物形大刀花的加工要求。
2. 按照加工工艺流程有序操作。
3. 平面的植物形大刀花应加工成厚薄均匀的片。
4. 立体的植物形大刀花应保持完整的形态。

四、植物形大刀花的器皿运用

平面的植物形大刀花主要用于美化菜肴，如进行围边装饰时，要选择圆形或椭圆形的器皿；立体的植物形大刀花要选择与作品的色彩和造型相匹配的器皿；加工器皿形大刀花时，要选择与其大小和造型相匹配的真实器皿做底盘。

知识拓展

一、四角花

四角花（见图5-1）是大刀花中的基础花卉，因花有四角而得名，多用青萝卜、胡萝卜、心里美萝卜、南瓜、莴笋、茭白等原料制作。四角花质地紧实，颜色鲜艳。

四角花的加工方法是先将原料加工成长方块，再在周围四个平面上修出尖形花瓣，最后从原料中心断料。四角花的操作关键是控制刀刃的角度，保持尖形花瓣大小均匀。

图 5-1　四角花

二、半立体菊花形大刀花

半立体菊花形大刀花（见图5-2）的加工方法是先将白萝卜切成长100 mm、宽40 mm、厚2 mm的大薄片，将胡萝卜（作为花蕊）切成长30 mm、宽40 mm、厚2 mm的小薄片；再将白萝卜片和胡萝卜片分别加工成刀距2 mm的连刀丝（在薄片宽度方向切断30 mm、留10 mm相连）；最后将胡萝卜连刀丝与白萝卜连刀丝重叠相接（重叠10 mm即可），从胡萝卜连刀丝一端开始卷起，使其形成具有橙色"花蕊"和白色"花瓣"的菊花造型，可用芹菜叶点缀。

图 5-2　半立体菊花形大刀花

半立体菊花形大刀花的操作关键有以下几点：白萝卜片和胡萝卜片要厚薄均匀，丝的粗细与片的厚薄一致，均控制在2 mm；最后成形时要将相接部分卷紧，将连刀丝拉开。

三、半立体梅花形大刀花

半立体梅花形大刀花（见图5-3）的加工方法具体如下：挑选粗细适宜的黄瓜，先在黄瓜表皮上刻出数条不规则的刀纹，再将黄瓜横放在砧板上，使刀身与黄瓜所成角度为30°，在黄瓜不同位置切出大小不等、厚2 mm的3种椭圆形薄片，要求大薄片5片，中薄片5片，小薄片12片；先将5片大薄片尖头向外围成一

图5-3 半立体梅花形大刀花

圈，在大薄片之间的空隙处，将经切分的中薄片尖头向外围成一圈，由此形成半立体的梅花花瓣；再将带皮黄瓜修成若干条长短和粗细不均匀的花枝，摆在梅花花瓣周围适宜的位置；然后将12片小薄片按需（其中4片需要切成半月形）接在花枝上，用带皮黄瓜丝、红樱桃和红辣椒进行点缀。

半立体梅花形大刀花的操作关键有以下几点：椭圆形黄瓜片要厚薄均匀；摆放大薄片和中薄片时，要将其尖头向外，同时使上下两层有部分重叠，突出层次感；总体造型要逼真。

四、螺旋形大刀花

螺旋形大刀花（见图5-4）的主要原料是黄瓜、胡萝卜、白萝卜、青萝卜、莴笋等。原料被做成螺旋形大刀花后，主要用于拌制冷菜和制作酱菜、腌菜，以及作为冷菜或热菜的围边装饰，不可用于烹制热菜。

图5-4 螺旋形大刀花

螺旋形大刀花的加工方法具体如下：将黄瓜横放在砧板上，使刀身与黄瓜一端所成角度小于30°，同时与黄瓜表面垂直，采用直刀剞的刀法，从一端开始，剞出

间距为 1.5 mm、深度为 4/5 黄瓜直径的一组平行直刀纹；将黄瓜翻面，仍采用直刀剞的刀法，剞出间距为 1.5 mm、深度为 4/5 黄瓜直径、与反面直刀纹垂直相交的另一组平行直刀纹；将剞好刀纹的黄瓜轻轻地拿起来抖动，就形成像弹簧一样的螺旋形大刀花。

螺旋形大刀花的操作关键是刀身要与原料表面垂直，刀纹间距要均匀，刀纹深度要一致。

相关链接

也可以用斜口雕刻刀在原料表面旋制螺旋形花刀片（见图 5-5）。其操作关键有以下几点：刀具要窄而尖，原料转动要慢；旋制时要均匀用力，花刀片不宜过薄；花刀片可长可短，应根据需求灵活掌握。

图 5-5　螺旋形花刀片

五、渔网形大刀花

渔网形大刀花（见图 5-6）的加工方法具体如下：先将白萝卜切成长 80 mm、宽和高各 55 mm 的长方块；再用长竹签蘸少许盐，从白萝卜块中心穿过；将白萝卜块一条边按在砧板上，从右端开始，采用直刀剞的刀法，每隔 2 mm 剞一刀，剞至竹签停刀，将白萝卜依次向内旋转 180°、90° 和 180°，采用同样的方法再剞 3 遍；采用滚料批的刀法，将白萝卜块批成长 80 mm、直径 55 mm 的圆柱体；采用平刀批的刀法，从白萝卜圆柱体下部起，批出厚 1 mm、宽 80 mm、有刀纹的长方形白萝卜片，批至白萝卜直径剩 18 mm 时停刀，抽出竹签；将白萝卜片轻轻地卷起，放入质量分数为 30% 的盐水中浸泡 5 min；用干净的干布吸干白萝卜片表面的水分，用手轻轻地展开白萝卜片，同时将白萝卜片的两侧向外拉开，使其呈现渔网形。

渔网形大刀花的操作关键有以下几点：竹签一端要蘸少许盐后从白萝卜块中心穿过，防止白萝卜块炸裂；采用直刀剞的刀法时，刀纹应间距相等、深度一致；采用滚料批的刀法时，要把白萝卜块批成圆柱体；采用平刀批的刀法批出长方形白萝卜片时，若砧板上已放不下白萝卜片，可将其轻轻地卷起，顺长放入盘子中，当批至白萝卜直径为 18 mm 时即可停刀，批的过程中不能批断；将白萝卜片的两侧向外拉开时，力度要小。

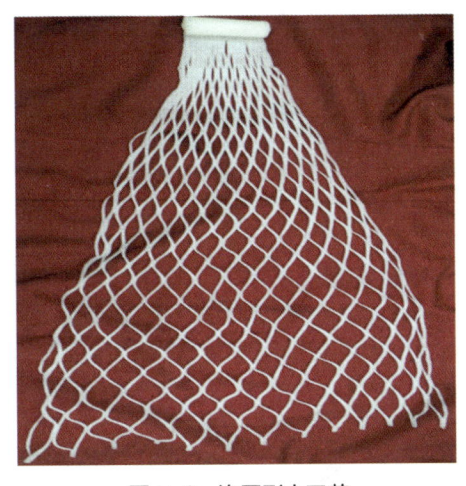

图 5-6　渔网形大刀花

柳叶形莴笋片

操作准备

工具准备

（1）片刀 1 把。

（2）塑料砧板 1 个（建议长 600 mm，宽 400 mm，厚 30 mm）。

（3）不锈钢圆盘 1 个（建议直径 250 mm）。

原料准备

直径在 30 mm 以上的新鲜莴笋 1 根。

操作步骤

步骤 1 将莴笋剥去叶子、削去皮,切去莴笋的头部并洗净,将其切成长 70 mm、宽 30 mm、厚 25 mm 的长方块,如图 5-7 所示。

图 5-7 将莴笋切成长方块

步骤 2 将莴笋块横放在砧板上,将其修成长三角形,在长三角形底部两端各切去 1/3,留中间 1/3(宽约 8 mm),并修成桃形,如图 5-8 所示。

图 5-8 底部呈桃形的长三角形莴笋块

步骤 3 将长三角形莴笋块的左右两面刻出锯齿刀纹,形成长约 60 mm、宽约 25 mm 的柳叶形轮廓,如图 5-9 所示。

图 5-9 将长三角形莴笋块的左右两面刻出锯齿刀纹

步骤 4 采用直切的刀法,将柳叶形莴笋块切成 2 mm 厚的薄片(至少 8 片),并整齐地摆放在不锈钢圆盘内,如图 5-10 所示。

图 5-10 将柳叶形莴笋片装盘

操作关键

1. 选用新鲜、不腐烂、无变质现象的莴笋,其直径在 30 mm 以上,肉质紧密,中间无空隙。
2. 要将莴笋皮去除干净,取中间的莴笋肉洗净。
3. 加工时要注意先后顺序,刀工要细腻,不要造成原料残缺或破损。
4. 要根据造型准确下刀,刀纹应清晰,刀口应光滑。

质量指标

1. 柳叶形莴笋片美观、逼真。
2. 柳叶形莴笋片形态完整,无残缺或破损。
3. 柳叶形莴笋片大小一致,长约 60 mm,宽约 25 mm,厚 2 mm。
4. 柳叶形莴笋片的数量至少为 8 片。

梅花形胡萝卜片

操作准备

工具准备

(1)片刀 1 把。
(2)塑料砧板 1 个(建议长 600 mm,宽 400 mm,厚 30 mm)。
(3)不锈钢圆盘 1 个(建议直径 250 mm)。

原料准备

直径在 45 mm 以上的新鲜胡萝卜 1 根。

操作步骤

步骤1 将胡萝卜去皮后洗净,在适宜的位置切出长25 mm的胡萝卜段,用片刀将胡萝卜段修成直径为45 mm的圆柱形,如图5-11所示。

图5-11 将胡萝卜段修成圆柱形

步骤2 将圆柱形胡萝卜段立在砧板上,在切面圆周上找出5个等分点,以每个等分点为顶端,分别向两边刻出弧形的梅花花瓣轮廓,使胡萝卜段切面初步呈现梅花形,如图5-12所示。

步骤3 精刻花瓣,在每个花瓣两边刻出锯齿刀纹,形成切面直径为40 mm的梅花形胡萝卜段(见图5-13)。

步骤4 采用直切的刀法,将梅花形胡萝卜段切成2 mm厚的薄片(至少8片),整齐地摆放在不锈钢圆盘内,如图5-14所示。

图5-12 使胡萝卜段切面初步呈现梅花形

图5-13 切面直径为40 mm的梅花形胡萝卜段

图5-14 将梅花形胡萝卜片装盘

操作关键

1. 选用新鲜、粗壮、不腐烂、无变质现象的胡萝卜，其直径在 45 mm 以上，肉质紧密，中间无空隙。
2. 将胡萝卜去皮、切去根部，选择花纹清晰的部分切段、洗净。
3. 加工时要注意先后顺序，刀工要细腻，不要造成原料残缺或破损。
4. 要根据造型准确下刀，刀纹应清晰，刀口应光滑。

质量指标

1. 梅花形胡萝卜片美观、逼真。
2. 梅花形胡萝卜片形态完整，无残缺或破损。
3. 梅花形胡萝卜片大小一致，直径 40 mm，厚度 2 mm。
4. 梅花形胡萝卜片的数量至少为 8 片。

莲花形白萝卜片

操作准备

工具准备

（1）片刀 1 把。
（2）塑料砧板 1 个（建议长 600 mm，宽 400 mm，厚 30 mm）。
（3）不锈钢圆盘 1 个（建议直径 250 mm）。

原料准备

直径在 60 mm 以上的新鲜白萝卜 1 根。

操作步骤

步骤 1 将白萝卜去皮、去根、洗净,切成边长 40 mm、高 50 mm 的正方块,如图 5-15 所示。

图 5-15 将白萝卜切成正方块

步骤 2 将白萝卜块立在砧板上,从顶面中心开始,分别向左下方和右下方刻,刻出一个高度为原料高度的 2/5、宽度约为 10 mm 的尖形花瓣;以此花瓣为中心,在其左右两侧各刻一个相互对称的花瓣,其高度为原料高度的 3/5,宽度约为 10 mm;再向左下方和右下方各刻一个相互对称的花瓣,高度至原料底部,宽度至原料边端,初步形成莲花形花瓣块,如图 5-16 所示。

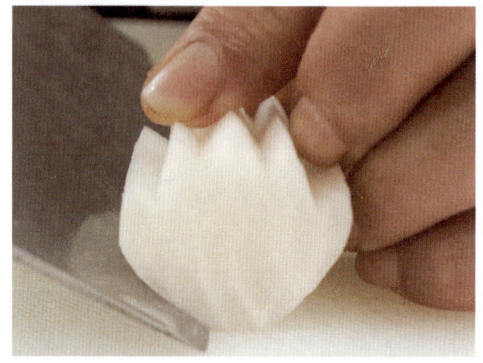

图 5-16 将白萝卜块初步刻成莲花形花瓣块

步骤 3 对莲花形花瓣块进行修整,形成宽 35 mm、高 45 mm 的精细莲花形花瓣块(见图 5-17)。

步骤 4 采用直切的刀法,将莲花形花瓣块切成 2 mm 厚的薄片(至少 8 片),整齐地摆放在不锈钢圆盘内,如图 5-18 所示。

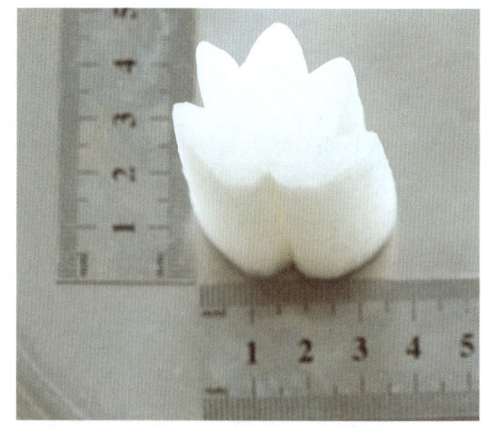

图 5-17 精细莲花形花瓣块

项目5 植物性原料美化(大刀花)

图 5-18 将莲花形白萝卜片装盘

操作关键

1. 选用新鲜、不腐烂、无变质现象的白萝卜,其直径在 60 mm 以上,肉质紧密,中间不发黑、无空隙。

2. 要将白萝卜的表皮去净,切去根部并洗净。

3. 加工时要注意先后顺序,刀工要细腻,不要造成原料残缺或破损。

4. 要根据造型准确下刀,刀纹应清晰,刀口应光滑。

质量指标

1. 莲花形白萝卜片美观、逼真。

2. 莲花形白萝卜片形态完整,无残缺或破损。

3. 莲花形白萝卜片大小一致,宽 35 mm,高 45 mm,厚 2 mm。

4. 莲花形白萝卜片的数量至少为 8 片。

绿萝形黄瓜块

操作准备

工具准备

（1）片刀1把。
（2）塑料砧板1个（建议长600 mm，宽400 mm，厚30 mm）。
（3）不锈钢圆盘1个（建议直径250 mm）。

原料准备

长在200 mm以上、直径在40 mm以上的新鲜黄瓜1根。

操作步骤

步骤1 将黄瓜切去两头后洗净，从中间一切为二，如图5-19所示，用片刀修净瓜瓤，加工成长100 mm、宽30 mm的段，共4段（留一段备用）。

图5-19 将黄瓜切去两头后从中间一切为二

步骤2 取一段黄瓜横放在砧板上，使刀身与黄瓜一端所成角度为45°，采用直切的刀法，切出长60 mm的四边形块，如图5-20所示。

图5-20 将黄瓜段切成四边形块

步骤3 用刀尖沿黄瓜块的斜边，在下方按间距为1.5～2 mm切6刀，形成约25 mm断开、5 mm相连的夹刀片；用刀跟沿先前刀纹，采用上述方法，在黄瓜块的上方切6刀；重复前述方法，每切6刀就换方向再切6刀，共切5组夹刀片，如图5-21所示。

步骤4 采用步骤2和步骤3的方法加工另外两个黄瓜段。将加工好的3个黄瓜块整齐地横放在砧板上，从右到左，将双数的黄瓜片向相连处弯曲成弧形，夹在两侧的黄瓜片之间，如图5-22所示。

步骤5 将加工好的绿萝形黄瓜块整齐地摆放在不锈钢圆盘内，彼此之间留适当空隙，如图5-23所示。

图5-21 在黄瓜块上切出5组夹刀片

图5-22 将双数的黄瓜片弯曲成弧形

图5-23 将绿萝形黄瓜块装盘

操作关键

1. 选用新鲜、平直不弯曲、不腐烂、无变质现象的黄瓜，黄瓜色彩以碧绿为佳，长在200 mm以上，直径在40 mm以上。
2. 要切去黄瓜的两头并洗净，修净瓜瓤。
3. 加工时要注意先后顺序，刀工要细腻，不要造成原料残缺或破损。
4. 要根据造型准确下刀，刀纹应清晰，刀口应光滑。

质量指标

1. 绿萝形黄瓜块造型美观、形态完整。

2. 绿萝形黄瓜块大小均匀，成品长90~120 mm，宽约30 mm，刀纹间距1.5~2 mm。

3. 绿萝形黄瓜块的数量一般为3块。

菊花形（绣球形）白萝卜片

操作准备

工具准备

（1）片刀1把。

（2）塑料砧板1个（建议长600 mm，宽400 mm，厚30 mm）。

（3）不锈钢圆盘1个（建议直径250 mm）。

原料准备

长250 mm、直径在60 mm以上的新鲜白萝卜1根，盐少许。

操作步骤

步骤1 将白萝卜去皮、去根后洗净，先切成2个长120 mm的白萝卜段，再切成长120 mm、宽60 mm、厚10 mm的长方块，其中一块如图5-24所示。

步骤2 取一块白萝卜块，横放在砧板上，采用平刀批的刀法，如图5-25所示，批出4片长120 mm、宽60 mm、厚2~2.5 mm的薄片；采用上述方法，将另一块白萝卜长方块也加工成4片同样规格的白萝卜片；在8片白萝卜片上撒少许盐，腌渍5 min。

图5-24　将白萝卜切成长方块

图5-25　平刀批出白萝卜片

步骤3 取一片白萝卜片横放在砧板上，向外对折（对折线在里侧），使刀身与对折线成45°，切出长100 mm的四边形，如图5-26所示；采用上述方法，将其余7片白萝卜片也加工成同样规格的四边形。

图5-26　将白萝卜片对折后切成四边形

步骤4　采用直切的刀法，用刀尖在白萝卜片的对折线上切出间距2～2.5 mm、留5 mm相连的连刀丝，展开后如图5-27所示；采用上述方法，加工其余的白萝卜片。

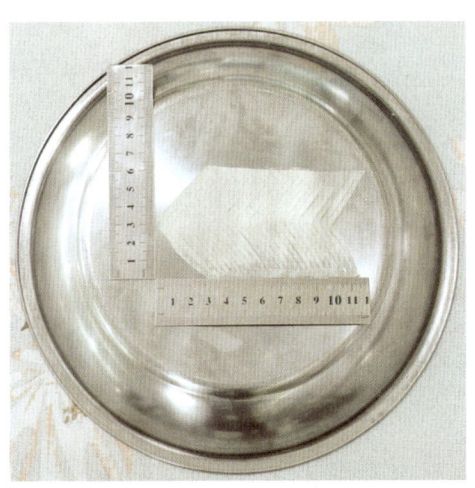

图5-27　将白萝卜片切出连刀丝后展开的效果

步骤5　将白萝卜片对折，双手捏住相连的部分，从右向左卷起，如图5-28所示；再用左手捏住相连的部分，用右手将对折的连刀丝向外拉开，使卷起的白萝卜片呈现菊花形（绣球形）。

图5-28　将白萝卜片从右向左卷起

步骤6　将加工好的菊花形（绣球形）白萝卜片整齐地摆放在不锈钢圆盘内，如图5-29所示。

图5-29　将菊花形（绣球形）白萝卜片装盘

操作关键

1. 选用新鲜、不腐烂、无变质现象的白萝卜，其直径在 60 mm 以上，肉质紧密，中间不发黑、无空隙。
2. 要将白萝卜去净表皮，切去根部，洗净。
3. 白萝卜片的腌渍时间不要太久，因为腌渍过久的白萝卜片不宜立起，没有立体感。
4. 加工时要注意先后顺序，刀工要细腻，不要造成原料残缺或破损。
5. 要根据造型准确下刀，刀纹应清晰，刀口应光滑。

质量指标

1. 菊花形（绣球形）白萝卜片造型美观、逼真。
2. 菊花形（绣球形）白萝卜片形态完整，无残缺或破损。
3. 菊花形（绣球形）白萝卜片大小均匀，连刀丝厚 2~2.5 mm，宽 2~2.5 mm。
4. 菊花形（绣球形）白萝卜片的数量一般为 8 片。

任务 3 动物形大刀花

 任务目标

1. 能选择适用于加工动物形大刀花的原料
2. 能描述动物形大刀花的加工工艺流程
3. 能描述动物形大刀花的操作关键
4. 能描述动物形大刀花的器皿运用
5. 能加工动物形大刀花

 知识准备

一、适用于加工动物形大刀花的原料

适用于加工动物形大刀花的原料有根菜类的各种萝卜,茎菜类的莴笋、茭白,果菜类的黄瓜、圣女果和茄子,以及煮熟的鹌鹑等。

二、动物形大刀花的加工工艺流程

动物形大刀花的加工工艺流程具体如下:加工头部—加工身体—加工翅膀、足部、尾部等其他部位。

三、动物形大刀花的操作关键

1. 选择的原料符合动物形大刀花的加工要求。
2. 按照加工工艺流程有序操作。
3. 动物形大刀花的造型要结合原料本身的特点,装饰要恰到好处。
4. 平面的动物形大刀花应加工成厚薄均匀的片。
5. 立体的动物形大刀花造型要逼真、美观、完整。

四、动物形大刀花的器皿运用

运用动物形大刀花美化菜肴时,与器皿的搭配要做到"四个和谐",即与烹饪原料相和谐、与烹调方法相和谐、与菜肴形态相和谐、与作品主题相和谐。

知识拓展

一、企鹅形茄子

企鹅形茄子的加工方法具体如下：用剪刀将茄子顶端的宿存萼修剪成企鹅的头部，将茄子柄剪短，使其形似企鹅的嘴；采用拉刀批的刀法，在宿存萼边缘下刀，斜批至 1/4 直径处，之后批去茄子皮，形成企鹅的腹部；在茄子下端 1/3 长度处的两侧，向上批出一对对称的 V 字形刀口，将刀口处的茄子皮向外掰开，使其翘起形成企鹅的翅膀；切去茄子的底部，将茄子立起来；用两粒花椒籽作为企鹅的眼睛，点缀在头部。企鹅形茄子如图 5-30 所示。

图 5-30　企鹅形茄子

操作关键：腹部去皮后的部分要平整，V 字形刀口不宜太深，茄子底部要根据企鹅的不同姿势和造型进行修整。

二、鸭子形圣女果

鸭子形圣女果的加工方法具体如下：在圣女果某一侧顺长切下一片水滴形薄片，留下的部分作为鸭子的身体；在鸭子身体的顶端，沿中线切出一条 V 字形刀口，作为鸭子身体与头部相连的接口；在水滴形薄片的尖头处修出一个张开的鸭嘴；取两粒花椒籽作为鸭子的眼睛，点缀在鸭嘴根部；将鸭头装在 V 字形接口内。鸭子形圣女果如图 5-31 所示。

操作关键：按身体比例定位，水滴形

图 5-31　鸭子形圣女果

薄片不宜太厚，V 字形刀口不宜太深。

三、兔子形鹌鹑蛋

兔子形鹌鹑蛋的加工方法具体如下：将煮熟的鹌鹑蛋去壳，顺长切下一片水滴形薄片，留下的部分作为身体；采用拉刀批的刀法，在鹌鹑蛋尖头一端距另一端 2/5 处向前斜批一刀，作为装耳朵的刀口；在水滴形薄片的一端切出两个横向的 V 字形轮廓，作为兔子的耳朵；捏住鹌鹑蛋，使装耳朵的刀口张开，塞入耳朵；将两粒花椒籽作为兔子的眼睛，点缀在头部。兔子形鹌鹑蛋如图 5-32 所示。

图 5-32　兔子形鹌鹑蛋

操作关键：按身体比例定位，身体上的斜刀纹不宜太深，耳朵要尖、要长。

 操作技能

蝴蝶形胡萝卜片

操作准备

工具准备

（1）片刀 1 把。

（2）塑料砧板 1 个（建议长 600 mm，宽 400 mm，厚 30 mm）。

（3）不锈钢圆盘 1 个（建议直径 250 mm）。

原料准备

直径在 50 mm 以上的新鲜胡萝卜 1 根。

操作步骤

步骤1 将胡萝卜去皮后洗净,先切出两块边长 45 mm、厚 10 mm 的正方块,再修成上边长 45 mm、下边长 35 mm 的梯形块,其中一块如图 5-33 所示。

图 5-33 将胡萝卜正方块修成梯形块

步骤2 取一块胡萝卜梯形块,竖着平放在砧板上,以上表面中线为等分线,向左右两侧各刻一条宽 5 mm 相互对称的触角,如图 5-34 所示。

步骤3 在触角左右两侧各刻一个相互对称的上翅,宽度至梯形块边端,高度是梯形块的 3/5,如图 5-35 所示。

步骤4 在两侧上翅下方各刻一个相互对称的下翅,宽度至梯形块边端,

图 5-34 刻一对相互对称的触角

图 5-35 刻一对相互对称的上翅

高度是梯形块的 2/5;在蝴蝶上翅、下翅、尾部刻出多条装饰花纹,形成上翅宽约 45 mm(见图 5-36)、下翅宽约

35 mm、高约 45 mm 的蝴蝶造型。采用同样的方法，将另一块胡萝卜梯形块加工成蝴蝶造型。

步骤 5 采用直切的刀法，将蝴蝶形胡萝卜块切成厚 2 mm 的薄片（至少 8 片），整齐地摆放在不锈钢圆盘内，如图 5-37 所示。

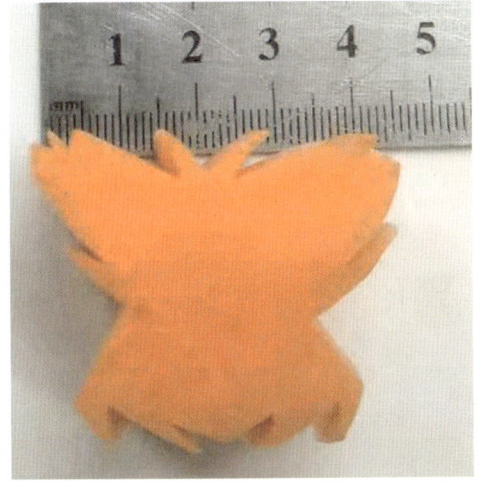

图 5-36 蝴蝶造型的上翅宽约 45 mm

图 5-37 将蝴蝶形胡萝卜片装盘

操作关键

1. 选用新鲜、不腐烂、无变质现象、直径在 50 mm 以上的胡萝卜，其肉质紧密，中间无空隙。
2. 要将胡萝卜去皮，初步加工的块形应符合大刀花要求。
3. 加工时要注意先后顺序，刀工要细腻，不要造成原料残缺或破损。
4. 要根据造型准确下刀，刀纹应清晰，刀口应光滑。

质量指标

1. 蝴蝶形胡萝卜片美观、逼真。
2. 蝴蝶形胡萝卜片形态完整，无残缺或破损。
3. 蝴蝶形胡萝卜片大小一致，上翅宽约 45 mm，下翅宽约 35 mm，高约 45 mm，厚 2 mm。
4. 蝴蝶形胡萝卜片的数量至少为 8 片。

飞蝶形胡萝卜片

操作准备

工具准备

（1）片刀 1 把。

（2）塑料砧板 1 个（建议长 600 mm，宽 400 mm，厚 30 mm）。

（3）不锈钢圆盘 1 个（建议直径 250 mm）。

原料准备

直径在 45 mm 以上的新鲜胡萝卜 1 根。

操作步骤

步骤 1 将胡萝卜去皮后洗净，切成 4 块边长 40 mm、厚 10 mm 的正方块，如图 5-38 所示。

图 5-38 将胡萝卜切成 4 块正方块

步骤 2 取一块胡萝卜块，平放在砧板上，沿一侧面从上向下刻出一条触角，该触角轮廓是向侧面弓起的弧线，厚约 1.5 mm，刻至距边端约 10 mm 处停刀；在触角下方刻出有 5 条装饰刀纹的翅膀，并在装饰刀纹下方再刻出一个椭圆形部分；在触角下方刻一条弧形胸线，在胸线下方刻一个呈三角形的腹部，在腹部旁边刻一个半圆形足部，与翅膀下方的椭圆形部分相接，如图 5-39 所示。半立体飞蝶造型的身长和翅膀宽度约为 40 mm，如图 5-40 所示。

加工成夹刀片。将飞蝶形胡萝卜片展开后摆放在不锈钢圆盘内，如图 5-41 所示。

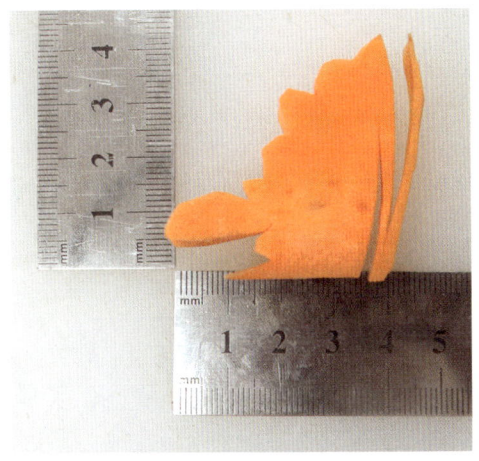

图 5-40　半立体飞蝶造型的身长和翅膀宽度

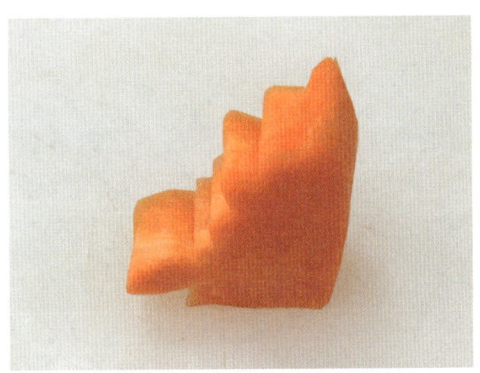

图 5-39　刻好飞蝶的触角、翅膀、胸线、腹部和足部

步骤 3　采用直切的刀法，从翅膀一边开始，将飞蝶形胡萝卜块切成两片厚 2 mm、底部留 3 mm 相连的夹刀片；采用同样的方法，将其余 3 块胡萝卜块

图 5-41　将飞蝶形胡萝卜片装盘

操作关键

1. 选用新鲜、不腐烂、无变质现象、直径在 45 mm 以上的胡萝卜，其肉质紧密，中间无空隙。
2. 要将胡萝卜去皮，初步加工的块形应符合大刀花要求。
3. 加工时要注意先后顺序，刀工要细腻，不要造成原料残缺或破损。
4. 要根据造型准确下刀，触角要细长，翅膀要有装饰刀纹，椭圆形部分要圆润。
5. 刀纹要清晰，刀口要光滑。

质量指标

1. 飞蝶形胡萝卜片美观、逼真。
2. 飞蝶形胡萝卜片形态完整，无残缺或破损。
3. 飞蝶形胡萝卜片大小一致，身长约 40 mm，翅膀宽约 40 mm，厚 2 mm。
4. 飞蝶形胡萝卜片的数量一般为 8 片。

鸽子形白萝卜片

操作准备

工具准备

（1）片刀 1 把。
（2）塑料砧板 1 个（建议长 600 mm，宽 400 mm，厚 30 mm）。
（3）不锈钢圆盘 1 个（建议直径 250 mm）。

原料准备

直径在 35 mm 以上的新鲜白萝卜 1 根。

操作步骤

步骤 1 将白萝卜去皮后洗净，切成两块长 55 mm、宽 30 mm、厚 10 mm 的长方块，如图 5-42 所示。

图 5-42 将白萝卜切成长方块

步骤 2 取一块白萝卜块，竖着横放在砧板上，从一端开始，在长度的 2/5 处刻出鸽子的头部和喙，在头部后方刻出长而宽阔的身体，在身体总长的 4/5 处上方刻出羽毛，如图 5-43 所示。

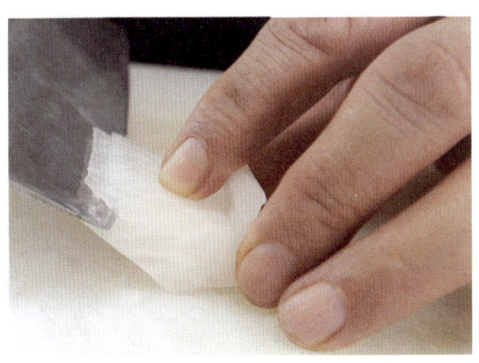

图 5-43 刻出头部、喙、身体和羽毛

步骤 3 在头部下方刻出半圆形的丰满鸽胸，半圆形的弧度至原料边端；在尾部刻出直线形边缘；在腹部下方刻出足部，形成体长近 50 mm、体高近 30 mm 的鸽子造型（见图 5-44）。采用同样的方法，将另外一块白萝卜块加工成鸽子造型。

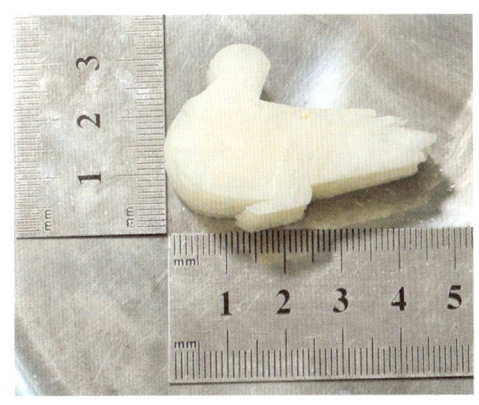

图 5-44 鸽子造型

步骤 4 采用直切的刀法，将鸽子形白萝卜块切成厚 2 mm 的薄片（至少 8 片），整齐地摆放在不锈钢圆盘内，如图 5-45 所示。

图 5-45 将鸽子形白萝卜片装盘

操作关键

1. 选用新鲜、不腐烂、无变质现象、直径在 35 mm 以上的白萝卜，其肉质紧密，中间无空隙。
2. 要将白萝卜去皮，初步加工的块形应符合大刀花要求。
3. 加工时要注意先后顺序，刀工要细腻，不要造成原料残缺或破损。
4. 要根据造型准确下刀，刀纹应清晰，刀口应光滑。

质量指标

1. 鸽子形白萝卜片美观、逼真。
2. 鸽子形白萝卜片形态完整，无残缺或破损。
3. 鸽子形白萝卜片大小一致，体长近 50 mm，体高近 30 mm，厚 2 mm。
4. 鸽子形白萝卜片的数量至少为 8 片。

兔子形白萝卜片

操作准备

工具准备

（1）片刀 1 把。
（2）塑料砧板 1 个（建议长 600 mm，宽 400 mm，厚 30 mm）。
（3）不锈钢圆盘 1 个（建议直径 250 mm）。

原料准备

直径在 40 mm 以上的新鲜白萝卜 1 根。

操作步骤

步骤1 将白萝卜去皮后洗净,切成长 70 mm 的两段,再切成长 70 mm、宽 35 mm、厚 10 mm 的长方块,如图 5-46 所示。

图 5-46 将白萝卜切成长方块

步骤2 取一块白萝卜块,竖着横放在砧板上,从一端开始,在长度的 2/5 处刻出下圆上尖的兔子头部,在头部后方刻出长而尖的耳朵,在耳朵后方刻出半圆形的丰满身体,如图 5-47 所示。

图 5-47 刻出头部、耳朵和身体

步骤3 在身体后下方刻一条内凹 10 mm、宽 5 mm 的短小尾巴,在头部下方刻一条内凹 10 mm、长 10 mm 的短小前腿,在背部下方刻一条内凹 15 mm、长 15 mm 的粗壮后腿,形成体长 50 mm、体高 30 mm 的兔子造型(见图 5-48)。采用同样的方法,将另外一块白萝卜块加工成兔子造型。

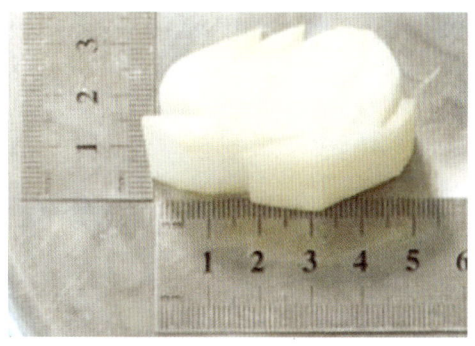

图 5-48 兔子造型

步骤4 采用直切的刀法,将兔子形白萝卜块切成厚 2 mm 的薄片(至少 8 片),整齐地摆放在不锈钢圆盘内,如图 5-49 所示。

图 5-49 将兔子形白萝卜片装盘

操作关键

1. 选用新鲜、不腐烂、无变质现象、直径在 40 mm 以上的白萝卜，其肉质紧密，中间不发黑、无空隙。
2. 要将白萝卜去净表皮，初步加工的块形应符合大刀花要求。
3. 加工时要注意先后顺序，刀工要细腻，不要造成原料残缺或破损。
4. 要根据造型准确下刀，刀纹应清晰，刀口应光滑。

质量指标

1. 兔子形白萝卜片美观、逼真。
2. 兔子形白萝卜片形态完整，无残缺或破损。
3. 兔子形白萝卜片大小一致，体长 50 mm，体高 30 mm，厚 2 mm。
4. 兔子形白萝卜片的数量至少为 8 片。

金鱼形胡萝卜片

操作准备

工具准备

（1）片刀 1 把。
（2）塑料砧板 1 个（建议长 600 mm，宽 400 mm，厚 30 mm）。
（3）不锈钢圆盘 1 个（建议直径 250 mm）。

原料准备

直径在 35 mm 以上的新鲜胡萝卜 1 根。

操作步骤

步骤1 将胡萝卜去皮后洗净,切成两块长 60 mm、宽 30 mm、厚 10 mm 的长方块,其中一块如图 5-50 所示。

图 5-50 将胡萝卜切成长方块

步骤2 取一块胡萝卜块,竖着横放在砧板上,从一端开始,在长度的 2/5 处刻出金鱼的头部,在头部前方刻出短吻和眼睛,在头部后方刻出三角形躯干,在躯干的上前方刻出背鳍,如图 5-51 所示。

图 5-51 刻出头部和躯干

步骤3 在躯干的下方刻出腹鳍、后方刻出尾鳍,形成体长 55 mm、体高 25 mm 的金鱼造型(见图 5-52)。采用同样的方法,将另外一块胡萝卜块加工成金鱼造型。

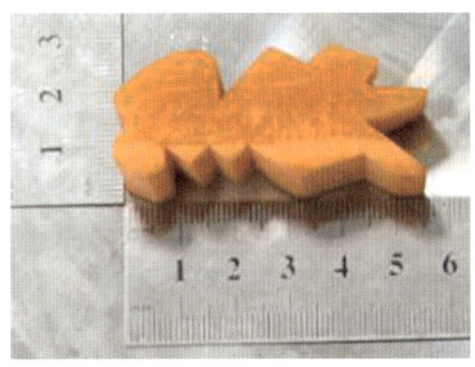

图 5-52 金鱼造型

步骤4 采用直切的刀法,将金鱼形胡萝卜块切成厚 2 mm 的薄片(至少 8 片),整齐地摆放在不锈钢圆盘内,如图 5-53 所示。

图 5-53 将金鱼形胡萝卜片装盘

操作关键

1. 选用新鲜、不腐烂、无变质现象、直径在 35 mm 以上的胡萝卜，其肉质紧密，中间无空隙。
2. 要将胡萝卜去皮，初步加工的块形应符合大刀花要求。
3. 加工时要注意先后顺序，刀工要细腻，不要造成原料残缺或破损。
4. 要根据造型准确下刀，刀纹应清晰，刀口应光滑。

质量指标

1. 金鱼形胡萝卜片美观、逼真。
2. 金鱼形胡萝卜片形态完整，无残缺或破损。
3. 金鱼形胡萝卜片大小一致，体长 55 mm，体高 25 mm，厚 2 mm。
4. 金鱼形胡萝卜片的数量至少为 8 片。

飞燕形心里美萝卜片

操作准备

工具准备

（1）片刀 1 把。
（2）塑料砧板 1 个（建议长 600 mm，宽 400 mm，厚 30 mm）。
（3）不锈钢圆盘 1 个（建议直径 250 mm）。

原料准备

直径在 55 mm 以上的心里美萝卜 1 个。

操作步骤

步骤1 将心里美萝卜去皮后洗净，切成两块长 65 mm、宽 50 mm、厚 10 mm 的长方块，如图 5-54 所示。

图 5-54 将心里美萝卜切成长方块

步骤2 取一块心里美萝卜块，竖着横放在砧板上，从一端开始，在长度的 1/4 处刻出燕子的短喙和头部，在头部后方身体的上方和下方刻出一对细长、尖尖的翅膀，其中上方翅膀的长度要延伸至原料长度的 3/4、高度要延伸至原料的上边端，下方翅膀的长度要延伸至原料长度的 1/2、高度要延伸至原料的下边端，在上方翅膀的后方刻出羽毛的轮廓，如图 5-55 所示。

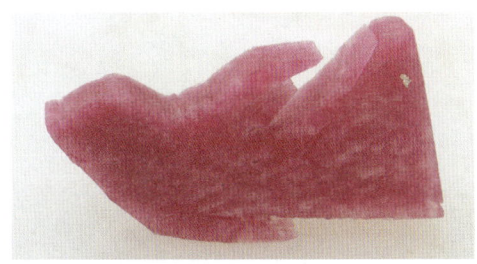

图 5-55 刻出燕子的短喙、头部、翅膀和羽毛轮廓

步骤3 在身体的后方刻出两条内凹的叉形长尾，形成体长 60 mm、体高 45 mm 的飞燕造型（见图 5-56）。采用同样的方法，将另一块心里美萝卜块加工成飞燕造型。

图 5-56 飞燕造型

步骤4 采用直切的刀法，将飞燕形心里美萝卜块切成厚 2 mm 的薄片（至少 8 片），整齐地摆放在不锈钢圆盘内，如图 5-57 所示。

图 5-57 将飞燕形心里美萝卜片装盘

操作关键

1. 选用新鲜、不腐烂、无变质现象、直径在 55 mm 以上的心里美萝卜，其肉质紧密，中间无空隙。
2. 将心里美萝卜去皮，初步加工的块形应符合大刀花要求。
3. 加工时要注意先后顺序，刀工要细腻，不要造成原料残缺或破损。
4. 要根据造型准确下刀，刀纹应清晰，刀口应光滑。

质量指标

1 飞燕形心里美萝卜片美观、逼真。

2 飞燕形心里美萝卜片形态完整，无残缺或破损。

3 飞燕形心里美萝卜片大小一致，体长 60 mm，体高 45 mm，厚 2 mm。

4 飞燕形心里美萝卜片的数量至少为 8 片。

松鼠形胡萝卜片

操作准备

工具准备

（1）片刀 1 把。
（2）塑料砧板 1 个（建议长 600 mm，宽 400 mm，厚 30 mm）。
（3）不锈钢圆盘 1 个（建议直径 250 mm）。

原料准备

直径在 35 mm 以上的新鲜胡萝卜 1 根。

操作步骤

步骤1 将胡萝卜去皮后洗净，切成两块长 60 mm、宽 35 mm、厚 10 mm 的长方块，其中一块如图 5-58 所示。

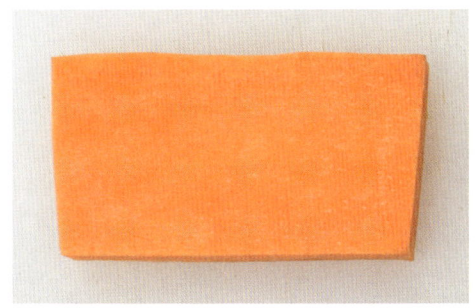

图 5-58 将胡萝卜切成长方块

步骤2 取一块胡萝卜块，竖着横放在砧板上，从一端开始，在长度的 1/5 处刻出松鼠的头部；在头部后上方刻出细长、尖尖的耳朵，在耳朵后方刻出身体；在身体后方刻出粗大的尾巴，尾长是总长的 3/5；在身体下方刻出前肢和后肢，前肢爪端可呈钩状，如图 5-59 所示。

图 5-59 初步刻出松鼠轮廓

步骤3 在粗大的尾巴上刻出锯齿花纹，形成体长 60 mm、体高 35 mm 的松鼠造型（见图 5-60）。采用同样的方法，将另外一块胡萝卜块加工成松鼠造型。

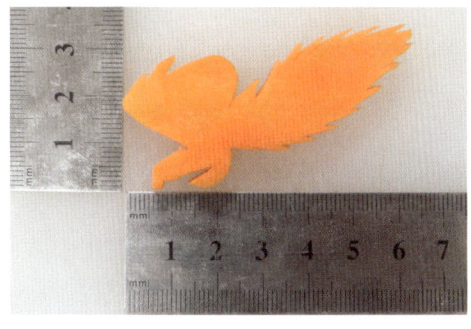

图 5-60 松鼠造型

步骤4 采用直切的刀法，将松鼠形胡萝卜块切成厚 2 mm 的薄片（至少 8 片），整齐地摆放在不锈钢圆盘内，如图 5-61 所示。

图 5-61 将松鼠形胡萝卜片装盘

操作关键

1. 选用新鲜、不腐烂、无变质现象、直径在 35 mm 以上的胡萝卜，其肉质紧密，中间无空隙。
2. 要将胡萝卜去皮，初步加工的块形应符合大刀花要求。
3. 加工时要注意先后顺序，刀工要细腻，不要造成残缺或破损。
4. 根据造型准确下刀，刀纹应清晰，刀口应光滑。

质量指标

1. 松鼠形胡萝卜片美观、逼真。

2. 松鼠形胡萝卜片形态完整，无残缺或破损。

3. 松鼠形胡萝卜片大小一致，体长 60 mm，体高 35 mm，厚 2 mm。

4. 松鼠形胡萝卜片的数量至少为 8 片。

练习与检测

一、判断题（将判断结果填入括号中，正确的填"√"，错误的填"×"）

1. 大刀花是以切、批、剞为基础的一种综合运刀方法，具有要求高、技术性强的特点。（　　）

2. 螺旋形大刀花的刀纹都是采用斜口雕刻刀旋制而成的。（　　）

3. 四角花是大刀花中的基础花卉，因花有四角而得名，多用青萝卜、胡萝卜、心里美萝卜、南瓜、莴笋、茭白等原料制作。四角花质地紧实，颜色鲜艳。（　　）

4. 菜肴名称在形方面的美化方法有原料拟形法、工艺组形法、寓意象形法、器皿成形法。（　　）

5. 植物形大刀花的加工工艺流程具体如下：整体下料—局部细雕—层层去料—循序渐进。（　　）

二、单项选择题（选择一个正确的答案，将相应的字母填入题内的括号中）

1. 我国最早的食品雕刻作品琢卵出现在（　　）时期。
   A. 夏商　　　　B. 两汉　　　　C. 唐宋　　　　D. 明清

2. 适用于加工成大刀花的植物性原料的特点不包括（　　）。
   A. 质地嫩　　　　　　　B. 能收缩
   C. 形大体厚　　　　　　D. 形小体薄

3. 大刀花的适用原料有（　　）。
   A. 草头、苋菜　　　　　B. 青豆、毛豆
   C. 萝卜、莴笋　　　　　D. 卷心菜、荠菜

4. 将原料做成螺旋形大刀花后，在烹饪中不可用于（　　）。
   A. 冷菜的围边装饰　　　B. 拌制冷菜
   C. 制作酱菜、腌菜　　　D. 烹制热菜

5. 菜肴的造型与美学特征有关密切关系，南乳宝塔肉属于（　　）。
   A. 几何造型　　　　　　B. 动物造型
   C. 植物造型　　　　　　D. 建筑造型

三、多项选择题（选择两个或两个以上正确的答案，将相应的字母填入题内的括号中）

1. 运用动物形大刀花美化菜肴时，与器皿的搭配要做到"四个和谐"，即（　　）。

   A. 与烹饪原料相和谐　　　B. 与烹调方法相和谐　　　C. 与菜肴形态相和谐

   D. 与作品主题相和谐　　　E. 与刀工技术相和谐

2. 用斜口雕刻刀在原料表面旋制螺旋形花刀片的操作关键是（　　）。

   A. 刀具要窄而尖，原料转动要慢

   B. 原料转动要快

   C. 旋制时要均匀用力，花刀片不宜过薄

   D. 花刀片越薄越好

   E. 花刀片可长可短，应根据需求灵活掌握

3. 大刀花的刀纹深度宜控制为原料厚度的（　　）。

   A. 1/2　　　　　　B. 1/3　　　　　　C. 2/3

   D. 3/5　　　　　　E. 4/5

4. 在烹饪美学的运用中，需要遵循的形式美法则是（　　）、变化与统一。

   A. 单纯与多样　　　B. 对称与均衡　　　C. 调和与对比

   D. 比例与尺度　　　E. 联想与意境

5. 菜肴的装饰方法可以分为（　　）。

   A. 刀技法　　　　　B. 拼摆法　　　　　C. 烹饪法

   D. 模印法　　　　　E. 塑绘法

参考答案

一、判断题

1. √　2. ×　3. √　4. √　5. √

二、单项选择题

1. C　2. D　3. C　4. D　5. A

三、多项选择题

1. ABCD　2. ACE　3. BCDE　4. ABCDE　5. ABCDE

项目 6　原料上浆

/ 原料加工与配菜

任务 1
原料上浆基础

任务目标

1. 能描述上浆的概念
2. 能描述上浆的作用
3. 能描述制浆的主要原料及其作用
4. 能描述浆液的分类及其适用原料
5. 能描述上浆的操作关键
6. 能描述常用的上浆手法
7. 能描述上浆与挂糊的区别

 知识准备

一、上浆的概念

上浆就是在经过刀工处理的原料中加入适当的调料，先腌出少许底味，再放入适量的水淀粉等，使原料由表及里地裹上一层薄薄的浆液，以便受热时形成完整的保护层，使菜肴达到滑嫩的效果。

二、上浆的作用

在烹饪过程中，原料的美化形态主要受持水性、结缔组织收缩程度等因素的影响。原料上浆后持水性增强，表面受热形成的保护层热阻较大、通透性较差，可以有效地防止原料因过分受热而引起蛋白质深度变性（蛋白质深度变性会导致原料的持水性显著下降，即所含水分大量流失），从而使菜肴具有滑、嫩、软和脆的特点。

因此，上浆对原料主要起到保护作用，具体体现在以下几点：能保持原料的嫩度，能美化原料的形态，能保持和增加菜肴的营养成分，能保持菜肴的鲜美滋味。

三、制浆的主要原料及其作用

制浆所用的固体原料有淀粉（如菱角粉、绿豆粉、红薯粉、小麦淀粉等）、苏打粉等，液体原料有鸡蛋（蛋白、蛋黄或全蛋）、水、油等，起调味作用的原料（即调料）有盐、料酒、胡椒粉等。

1. 淀粉

淀粉在水中受热后会糊化，使浆液形成一种均匀而较稳定的糊状溶液。原料上浆后表面浆液的含水量较大，且一般都在中油温条件下烹制，所以淀粉在浆液中不易发生美拉德反应和焦糖化反应。

2. 苏打粉

苏打粉可以加速肌肉纤维的膨胀，提高原料的嫩度和脆性。

3. 鸡蛋

鸡蛋的蛋白、蛋黄和全蛋都可以上浆。蛋白遇热易变性并凝固，由溶胶变为凝胶，凝胶在原料周围可形成一层更完整、更牢固的保护层，阻止原料中的水分散失，使原料能够保持良好的嫩度。用鸡蛋制浆可改变原料的色彩，使其呈白色或黄色。鸡蛋还可增加菜肴的营养。

4. 水

制浆时加入水的作用有以下几点：增加原料的含水量，提高肉的嫩度；水浸润到淀粉颗粒中，有助于其糊化；调节浆液的浓度；有助于在原料周围形成浆液，分散可溶性物质和不溶性淀粉，使它们均匀地黏附于原料表面。

5. 油

原料上浆后滑油时，如果浆液过浓会导致原料容易粘连、不易滑散，出现外熟里生的夹生现象。制浆时加入油可使滑油时原料不易粘连，增加原料的嫩度和持水性。

6. 盐

盐能抽提出肌肉经刀工处理暴露的盐溶性蛋白质，有助于上浆。

制浆时加入适量的盐可在原料表面形成一层浓度较高的电解质溶液，其中含有一种黏性较大的蛋白质溶胶，可提高蛋白质的水合能力，获得满意的上浆效果。若加入的盐过少，则原料不易上劲；若加入的盐过多，则会在完整的肌细胞周围产生较高的渗透压，导致原料大量脱水，降低蛋白质的持水性，使原料组织紧缩、质地老硬。

7. 料酒

对于腥味较大的原料,在制浆时可酌量加入料酒,除可入味外,还可清除腥味。

8. 胡椒粉

胡椒粉具有丰富的味觉特性,具有提鲜、去腥、增香、解毒和防腐的作用。

四、浆液的分类及其适用原料

常用的浆液主要有水粉浆、蛋白浆、全蛋浆、蛋黄浆、苏打浆等,各种浆液适用于不同的烹饪原料。常用的浆液分类及其适用原料见表6-1。

表6-1 常用的浆液分类及其适用原料

分类	适用原料
水粉浆	猪肉片、猪腰花、猪肚花、猪肝片、黄鱼卷、黄鳝片等
蛋白浆	鲈鱼丝、墨鱼片、鳜鱼米、鸡丝、猪肉片等
全蛋浆	鳢鱼片、鸽丝、鸡花、鸡肉粒、猪里脊花、牛里脊花等
蛋黄浆	墨鱼片、青鱼卷、鸽花、鸡肉粒、猪肉片等
苏打浆	虾仁、明虾片、明虾球、牛肉片、牛肉粒、羊里脊花等

五、上浆的操作关键

1. 根据原料的性质和用途,选择正确的上浆方法。

2. 根据要求选择调料,腌制入味时,投料量要准确,同时控制好腌渍时间。对于需要保持色泽洁白的原料,在上浆前要先泡去血水,且不要加有色调料。

3. 水淀粉必须调制均匀,不能有渣粒,防止因脱浆导致原料质地变老或色泽变暗而影响菜肴的质量。

4. 对于质地较嫩的原料,因其本身的吸水能力较弱,故浆液要稠一些。

5. 对于含水量高的原料,要多放一些淀粉;对于含水量低的原料,要少放一些淀粉。

6. 对于经过冷冻的原料,浆液要稠一些;对于未经冷冻的原料,浆液要稀一些。

7. 在对水分较多、表面光滑的原料进行上浆前,应先吸干原料表面的水分。

8. 应使用恰当的力量均匀地搅拌浆液,要遵循先慢后快、先轻后重的原则。

9. 应在上好浆的原料表面抹少许精制油，若不及时使用，应放入冰箱低温保存。

10. 上浆后的原料可用于滑炒、爆炒、滑熘的烹调方法，不可用于炸、脆熘的烹调方法。

六、常用的上浆手法

1. 抓拌法

抓拌法可使浆液充分地渗透到原料的组织中去，达到吃浆的目的；可提高浆液黏度，使之牢牢黏附于原料表面，达到上劲的目的；可使浆液与原料充分融合。

操作时，将原料与浆液进行搅拌并抓匀、抓透。注意，在抓拌鸡丝、鱼片、鸽花、猪肝片等原料时，动作要轻，力度要小。

2. 滚揉法

滚揉法可促使浆液在原料表面均匀分布，改善肉的嫩度；可加速盐溶性蛋白质向肉表面的移动，从而加速盐溶性蛋白质的提取；可通过推挤、翻滚、按摩、摔打和碰撞来完成肉中能量转换的物理过程。

操作初期，在淀粉及调料还没有与水完全融合，浆液浓度不够、黏性不足的情况下，应柔和地滚揉，不应采用旋转的手法，因为滚揉过度会提取过多的盐溶性蛋白质，在肉与肉之间形成一种黄色的变质蛋白质——蛋白胨，导致肉的黏结性、持水性变差，影响菜肴的整体色泽。

七、上浆与挂糊的区别

挂糊是指先在经过刀工处理的原料中加入适量的调料等进行腌渍，再在原料外部挂上一层调制好的糊，之后将原料进行过油处理，以达到定型的目的，形成外脆里嫩的质感。上浆与挂糊的区别见表6-2。

表6-2 上浆与挂糊的区别

区别要素	上浆	挂糊
粉种	淀粉等	面粉、淀粉、米粉等
形态	丝、片、丁、粒、花刀块以及鱼卷等	块、粗条、段以及全鱼等
手法	直接与原料一起搅拌，也可先制浆	先制糊，再与原料一起搅拌
劲力	必须搅拌至上劲，劲力大	无须搅拌至上劲

续表

区别要素	上浆	挂糊
稠度	稠度稀	稠度浓
过油方式	滑油，油量少	炸，油量多
油温	五六成	六成及以上
烹调方法	滑炒、爆、滑熘、扣、蒸等	炸、脆熘、煎、贴等
菜肴特点	滑、嫩、软、脆	外脆里嫩

 知识拓展

一、水粉浆对水温的要求和用量

制水粉浆时，先将原料用盐、料酒等腌渍入味，再加入淀粉和水，在原料表面形成一层薄浆。水粉浆适用于含水量较多的动物性原料，如禽肉、畜肉，禽、畜的肝、肾（俗称腰子）、胃（俗称肚子），以及鱼、虾、鱿鱼等。上水粉浆的原料适用于炒、爆、熘、汆等烹调方法，其菜肴特点是质感滑嫩。

调制水粉浆时，水温不宜过高或过低，需要使用冷水或常温水。水粉浆的用量应视原料的含水量而定，一般用量为原料质量的 10%。

二、浆液稠度与原料的关系

浆液稠度与原料有密切的关系，原料的质地、吸水性及其是否经过冷冻处理是浆液稠度的决定性因素。

三、造成原料脱浆的原因

造成原料脱浆的原因有以下几个：浆液过稀，原料不易吸收浆液中的水分而造成脱浆；水淀粉调制得不均匀，有渣粒；滚揉的手法不正确；过油温度太低。

四、上浆原料过油时的油温要求

上浆原料一般采用滑油的过油方式，油温应控制在六成及以下。鱼米、虾仁、肉丝、牛肉粒等形态较小的原料在油温达到五成时进行过油处理，牛肉片、明虾球、鱼片、猪肚花、猪腰花、猪肝片等形态较大的原料在油温达到六成时进行过油处理。

项目6 原料上浆

任务 2 蛋白浆

 任务目标

1. 能描述蛋白浆的概念
2. 能描述蛋白浆的作用
3. 能选择蛋白浆的制浆原料
4. 能描述蛋白浆的制浆方法
5. 能描述用蛋白浆上浆的操作关键
6. 能描述蛋白浆的烹调方法运用与过油温度要求
7. 能运用蛋白浆对原料上浆

 知识准备

一、蛋白浆的概念

蛋白浆是指在原料里加入适量的调料、蛋白和淀粉,用抓拌法或滚揉法搅拌原料,在原料表面形成的一层白色黏性薄浆。

二、蛋白浆的作用

1. 保持原料原有的细嫩质感。
2. 提高原料洁白的程度。
3. 提高原料表面的光滑程度。
4. 使成品达到滑嫩的要求。

三、蛋白浆的制浆原料

蛋白浆的制浆原料有蛋白、淀粉、味精、料酒、盐、白糖、精制油、胡椒粉等。

四、蛋白浆的制浆方法

蛋白浆的制浆方法有两种:一种是先将原料用调料腌渍入味,然后加入蛋白、淀粉一起搅拌至均匀、上劲;另一种是将原料用调料腌渍入味,同时将蛋白和水淀粉调成浆液,再把腌渍的原料放入浆液内一起搅拌至均匀、上劲。

五、用蛋白浆上浆的操作关键

1. 调制时蛋白和淀粉的用量要少,以在原料表面出现一层薄浆为宜。

2. 蛋白浆中,原料、蛋白和淀粉的比例一般是 5∶1∶0.5。

3. 对于含水量较高的水产品类原料如鱼丝、虾仁、墨鱼片、海螺片等,要先用清水漂洗,再用干净的干布吸干水分,最后上浆。

4. 要在上浆后的原料表面抹适量的精制油,既可以防止结皮,又便于在滑油过程中将原料迅速分散开,防止结块和脱浆。

六、蛋白浆的烹调方法运用与过油温度要求

1. 滑炒

过油温度在五成以下,如清炒虾仁、银芽鸡丝、松仁鱼米、碧绿墨鱼片、瓜姜鱼丝等。

2. 滑熘

过油温度在五成左右,如糟熘鱼片、糟熘三白、百合熘里脊、豌豆熘鸡米等。

3. 爆

过油温度在六成左右,如芫爆里脊丝、生爆仔鸡、生爆鳝片等。

浆鸡丝

操作准备

工具准备	原料准备
(1)不锈钢圆碗1个(建议直径200 mm)。 (2)不锈钢圆盘1个(建议直径150 mm)。	长50 mm、粗2 mm的鸡丝300 g,盐、料酒、白糖、味精、胡椒粉、水、蛋白、淀粉、精制油适量,如图6-1所示。

项目6 原料上浆

图6-1 浆鸡丝所用的原料

操作步骤

步骤1 将鸡丝放入不锈钢圆碗内，先加入盐搅拌至均匀、起劲，再加入料酒、白糖、味精、胡椒粉和水搅拌至均匀，然后加入蛋白和淀粉，之后沿顺时针方向，运用抓拌上浆的手法用力搅拌，如图6-2所示，使浆液均匀地包裹在鸡丝的表面。

图6-2 抓拌鸡丝

步骤2 将鸡丝抓拌好后，用手将其表面抹平，并抹上适量的精制油（这个操作俗称封面），如图6-3所示，静置20 min；将浆好的鸡丝整齐地放入不锈钢圆盘内，如图6-4所示。

图6-3 将鸡丝用精制油封面

图6-4 将浆好的鸡丝装盘

操作关键

1. 选用新鲜、无异味、无瘀血、完整无破损的鸡胸肉，其肉质要厚实，肉色要白净。
2. 初步加工时要去除鸡胸肉的皮和筋膜。
3. 要顺着肌肉纤维方向切鸡丝，规格是长50 mm、粗2 mm。
4. 浆液味道适中、无异常，各原料投放量正确。
5. 上浆手法要正确，用力要恰当，使浆液包裹好鸡丝。

质量指标

1. 浆液紧包鸡丝，鸡丝表面光亮、饱满，无吐水或脱浆现象，盛器内无渗液。
2. 各原料投放量正确，浆液味道适中，与成品口味匹配。
3. 浆鸡丝总重量在350 g以上。

浆鳜鱼米

操作准备

工具准备

（1）不锈钢圆碗1个（建议直径200 mm）。

（2）不锈钢圆盘1个（建议直径150 mm）。

原料准备

3 mm见方的鳜鱼米300 g，盐、料酒、白糖、味精、胡椒粉、蛋白、淀粉、精制油适量，如图6-5所示。

项目6 原料上浆

图6-5 浆鳜鱼米所用的原料

操作步骤

步骤1 将鳜鱼米放入不锈钢圆碗内,先加入盐搅拌至均匀、起劲,再加入料酒、白糖、味精和胡椒粉搅拌至均匀,然后加入蛋白和淀粉,之后沿顺时针方向,运用抓拌上浆的手法用力搅拌,如图6-6所示,使浆液均匀地包裹在鳜鱼米的表面。

步骤2 将鳜鱼米抓拌好后,用手将其表面抹平,并抹上适量的精制油,如图6-7所示,静置20 min;将浆好的鳜鱼米放入不锈钢圆盘内,如图6-8所示。

图6-7 将鳜鱼米用精制油封面

图6-6 抓拌鳜鱼米

图6-8 将浆好的鳜鱼米装盘

操作关键

1. 选用新鲜、无异味、完整无破损的鳜鱼肉，其肉质要厚。
2. 要去除鳜鱼肉的皮和红色肌肉。
3. 要顺着鳜鱼肉纹理方向切鱼米，规格是 3 mm 见方。
4. 要把鳜鱼米清洗一下，并吸干水分。
5. 浆液味道适中、无异常，各原料投放量正确。
6. 上浆手法要正确，用力要恰当，使浆液包裹好鳜鱼米。

质量指标

1. 浆液紧包鳜鱼米，鳜鱼米表面光亮、饱满，无吐水或脱浆现象，盛器内无渗液。
2. 各原料投放量正确，浆液味道适中，与成品口味匹配。
3. 浆鳜鱼米总重量在 350 g 以上。

浆墨鱼片

操作准备

工具准备

（1）不锈钢圆碗 1 个（建议直径 200 mm）。

（2）不锈钢圆盘 1 个（建议直径 150 mm）。

（3）干净的干布 1 块。

原料准备

长 60 mm、宽 20 mm、厚 1.5 mm 的墨鱼片（刻成花枝片）300 g，盐、料酒、白糖、味精、胡椒粉、蛋白、淀粉、精制油适量，如图 6-9 所示。

项目6 原料上浆

图6-9 浆墨鱼片所用的原料

操作步骤

步骤1 将墨鱼片用水清洗干净，再用干净的干布吸干水分；将墨鱼片放入不锈钢圆盆内，先加入盐搅拌至均匀、起劲，再加入料酒、白糖、味精和胡椒粉搅拌至均匀，然后加入蛋白和淀粉，之后沿顺时针方向，运用抓拌上浆的手法用力搅拌，如图6-10所示，使浆液均匀地包裹在墨鱼片的表面。

图6-10 抓拌墨鱼片

步骤2 将墨鱼片抓拌好后，用手将其表面抹平，并抹上适量的精制油，如图6-11所示，静置20 min；将浆好的墨鱼片放入不锈钢圆盘内，如图6-12所示。

图6-11 将墨鱼片用精制油封面

图6-12 将浆好的墨鱼片装盘

操作关键

1. 选用新鲜、无异味、无黑色瘀斑的墨鱼，其肉质要厚，肉色要白净。
2. 要去除墨鱼的膜。
3. 要在墨鱼内壁上剞花刀，切得的墨鱼片要完整无破损，规格是长 60 mm、宽 20 mm、厚 1.5 mm。
4. 要把墨鱼片清洗一下，并吸干水分。
5. 浆液味道适中、无异常，各原料投放量正确。
6. 上浆手法要正确，用力要恰当，使浆液包裹好墨鱼片。

质量指标

1. 浆液紧包墨鱼片，墨鱼片表面光亮、饱满，无吐水或脱浆现象，盛器内无渗液。
2. 各原料投放量正确，浆液味道适中，与成品口味匹配。
3. 浆墨鱼片总重量在 350 g 以上。

项目6 原料上浆

任务 3 全蛋浆

任务目标

1. 能描述全蛋浆的概念
2. 能描述全蛋浆的作用
3. 能选择全蛋浆的制浆原料
4. 能描述全蛋浆的制浆方法
5. 能描述用全蛋浆上浆的操作关键
6. 能描述全蛋浆的运用实例
7. 能描述全蛋浆的过油温度要求
8. 能运用全蛋浆对原料上浆

知识准备

一、全蛋浆的概念

全蛋浆是指在原料里加入适量的调料、全蛋液和淀粉，用抓拌法或滚揉法搅拌原料，在原料表面形成的一层略带黄色的黏性薄浆。

二、全蛋浆的作用

1. 保持原料原有的细嫩质感。
2. 使原料表面微带黄色。
3. 提高原料表面的光滑程度。
4. 使成品达到滑嫩、松软的要求。

三、全蛋浆的制浆原料

全蛋浆的制浆原料有全蛋液、淀粉、味精、料酒、水、盐、胡椒粉等。有些原料在上全蛋浆时，还需要加入适量的苏打粉或泡打粉。

四、全蛋浆的制浆方法

全蛋浆的制浆方法有两种：一种是先将原料用调料腌渍入味，再加入全蛋液、淀粉一起搅拌至均匀、上劲；另一种是将原料用调料腌渍入味，同时将全蛋液和水淀粉调成浆液,再将苏打粉或泡打粉用少许水调匀后加入原料内搅拌至均匀,然后将原料放入浆液内一起搅拌至均匀、上劲。

五、用全蛋浆上浆的操作关键

1. 全蛋浆需要更加充分地调和,以保证各种原料融为一体。

2. 上浆后的原料应静置后才能使用。

3. 用全蛋浆浆制质地老韧的原料时,可以加入用水调匀的苏打粉或泡打粉,这样原料经滑油后会变得松软而滑嫩。

4. 要在上浆后的原料表面抹适量的精制油,既可以防止结皮,又便于在滑油过程中将原料迅速分散开,防止结块和脱浆。

六、采用不同烹调方法的全蛋浆运用实例(见表6-3)

表6-3 采用不同烹调方法的全蛋浆运用实例

烹调方法	运用实例
滑炒	鱼香肉丝、宫保鸡丁、香煎里脊米、红花炒鸽松等
爆	油爆三样、泡椒爆双花等
滑熘	熘三丝鱼卷、茄汁鱼片、白汁双片等
煮	水煮牛蛙、藤椒鱼、酸菜鱼、合川肉片等

七、全蛋浆的过油温度要求

对用于滑炒、形态较小的原料,或用于煮、形态较大的原料,过油温度应在五成左右;对用于滑熘、爆的原料,过油温度应在六成左右。

 知识拓展

蛋是指卵生动物为繁衍后代排出体外的卵。禽类及爬行动物类所产的蛋及其制品在菜肴制作中应用较广泛,其中应用较多的鲜蛋有鸡蛋、鸭蛋、鸽蛋、鹌鹑蛋等,主要蛋制品有鸡蛋黄粉、咸鸭蛋、皮蛋(可用鸡蛋、鸭蛋、鹌鹑蛋制成)等。

一、鲜蛋

鲜蛋的检验标准是蛋壳清洁、无裂纹,用手摸蛋壳表面略有粗糙感。鲜鸡蛋是原料上浆的主要原料。

二、鸡蛋黄粉

鸡蛋黄粉是指将鸡蛋经过清洗、消毒、打蛋、分离、过滤等工序精制而成的鸡蛋制品。鸡蛋黄粉具有较好的乳化性，是新鲜鸡蛋的理想替代品。鸡蛋黄粉含有丰富的蛋白质、卵磷脂、胆固醇、钙、磷、铁、维生素A、维生素D、维生素B等营养物质，具有很高的营养价值，有提高记忆力和免疫力的作用。

蛋黄粉浆是指在原料里加入适量的调料、鸡蛋黄粉和水淀粉，用抓拌法或滚揉法搅拌原料，在原料表面形成的一层色泽金黄的黏性薄浆。

蛋黄粉浆的制浆方法是将原料先用调料腌渍入味，再将鸡蛋黄粉和水淀粉调成浆，然后与原料一起搅拌至均匀、上劲。

三、咸蛋黄

咸蛋黄是指用鸭蛋制成的蛋制品。咸蛋黄呈橙色，富含油脂，加油炒后颇似蟹黄，因而常替代蟹黄用于制作热菜，使菜肴具有鲜、嫩、细、松、沙的特点。

四、皮蛋

皮蛋是指以鸭蛋为主料（也可以用鸡蛋和鹌鹑蛋），加盐、石灰、纯碱、茶叶等辅料制成的具有特殊风味的蛋制品。

 操作技能

浆鸡花

操作准备

工具准备	原料准备
不锈钢圆碗1个（建议直径200 mm）。	边长40 mm的荔枝形鸡花300 g，盐、水、料酒、白糖、味精、胡椒粉、全蛋液、淀粉、精制油适量，如图6-13所示。

| 原料加工与配菜

图 6-13 浆鸡花所用的原料

操作步骤

步骤 1 将鸡花放入不锈钢圆碗内，先加入盐搅拌至均匀、起劲，再加入水、料酒、白糖、味精和胡椒粉搅拌至均匀，再加入全蛋液和淀粉，之后沿顺时针方向，运用抓拌上浆的手法用力搅拌，如图 6-14 所示，使浆液均匀地包裹在鸡花的表面。

步骤 2 将鸡花抓拌好后，用手将其表面抹平，并抹上适量的精制油，如图 6-15 所示；将上浆后的鸡花静置 20 min，如图 6-16 所示。

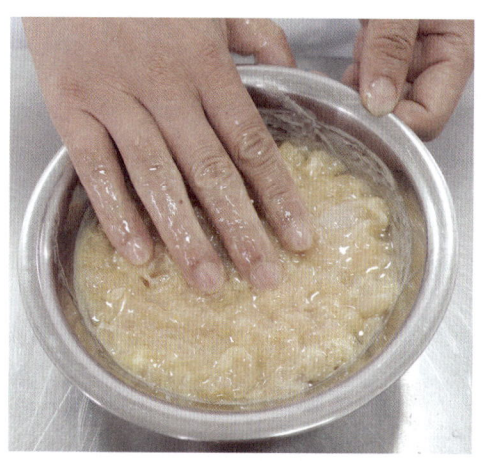

图 6-15 将鸡花用精制油封面

图 6-14 抓拌鸡花

图 6-16 将上浆后的鸡花静置 20 min

操作关键

1. 选用新鲜、无异味、无瘀血、完整无破损的鸡胸肉，其肉质要厚实，肉色要白净。
2. 初步加工时要去除鸡胸肉的皮和筋膜。
3. 荔枝形鸡花呈三角块状，边长 40 mm，刀纹间距 5 mm、深至原料厚度的 4/5。
4. 浆液味道适中、无异常，各原料投放量正确。
5. 上浆手法要正确，用力要恰当，使浆液包裹好鸡花。

质量指标

1. 浆液紧包鸡花，鸡花表面光亮、饱满，无吐水或脱浆现象，盛器内无渗液。

2. 各原料投放量正确，浆液味道适中，与成品口味匹配。

3. 浆鸡花总重量在 350 g 以上。

浆鸽丝

操作准备

工具准备

不锈钢圆碗 1 个（建议直径 200 mm）。

原料准备

长 60 mm、粗 1.5 mm 的鸽丝 100 g，盐、水、料酒、白糖、味精、胡椒粉、老抽、全蛋液、淀粉、精制油适量，如图 6-17 所示。

| 原料加工与配菜

图 6-17 浆鸽丝所用的原料

步骤 2 将鸽丝抓拌好后，用手将其表面抹平，并抹上适量的精制油，如图 6-19 所示；将上浆后的鸽丝静置 20 min，如图 6-20 所示。

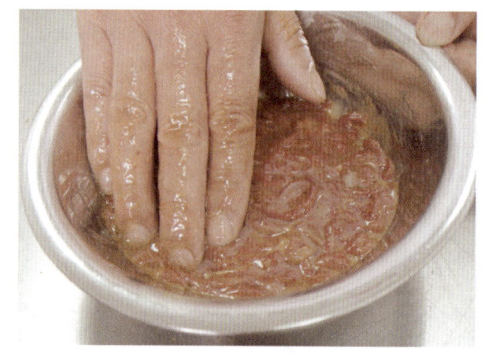

图 6-19 将鸽丝用精制油封面

操作步骤

步骤 1 将鸽丝放入不锈钢圆碗内，先加入盐搅拌至均匀、起劲，再加入水、料酒、白糖、味精和胡椒粉搅拌至均匀，然后加入老抽、全蛋液和淀粉，之后沿顺时针方向，运用抓拌上浆的手法用力搅拌，如图 6-18 所示，使浆液均匀地包裹在鸽丝的表面。

图 6-20 将上浆后的鸽丝静置 20 min

图 6-18 抓拌鸽丝

操作关键

1. 选用新鲜、无异味、完整无破损的鸽胸肉，其肉质要厚实。
2. 初步加工时要去除鸽胸肉的皮和筋膜。
3. 要顺着肌肉的纤维方向切鸽丝，鸽丝规格是长60 mm、粗1.5 mm。
4. 浆液味道适中、无异常，各原料投放量正确。
5. 上浆手法要正确，用力要恰当，使浆液包裹好鸽丝。

质量指标

1. 浆液紧包鸽丝，鸽丝表面光亮、饱满，无吐水或脱浆现象，盛器内无渗液。

2. 各原料投放量正确，浆液味道适中，与成品口味匹配。

3. 浆鸽丝总重量在150 g以上。

浆猪里脊米

操作准备

工具准备

不锈钢圆碗1个（建议直径200 mm）。

原料准备

3 mm见方的猪里脊米300 g，盐、水、料酒、白糖、味精、胡椒粉、全蛋液、淀粉、精制油适量，如图6-21所示。

图 6-21 浆猪里脊米所用的原料

步骤 2 将猪里脊米抓拌好后,用手将其表面抹平,并抹上适量的精制油,如图 6-23 所示;将上浆后的猪里脊米静置 20 min,如图 6-24 所示。

图 6-23 将猪里脊米用精制油封面

操作步骤

步骤 1 将猪里脊米放入不锈钢圆碗内,先加入盐搅拌至均匀、起劲,再加入水、料酒、白糖、味精和胡椒粉搅拌至均匀,然后加入全蛋液和淀粉,之后沿顺时针方向,运用抓拌上浆的手法用力搅拌,如图 6-22 所示,使浆液均地包裹在猪里脊米的表面。

图 6-24 将上浆后的猪里脊米静置 20 min

图 6-22 抓拌猪里脊米

操作关键

1. 选用新鲜、无异味、完整无断裂的猪里脊，其肉质要厚实。
2. 初步加工时要去除猪里脊的外膜。
3. 要顺着肌肉的纤维方向切猪里脊米，规格是 3 mm 见方。
4. 要把猪里脊米的血水用清水洗掉。
5. 浆液味道适中、无异常，各原料投放量正确。
6. 上浆手法要正确，用力要恰当，使浆液包裹好猪里脊米。

质量指标

1. 浆液紧包猪里脊米，猪里脊米表面光亮、饱满，无吐水或脱浆现象，盛器内无渗液。

2. 各原料投放量正确，浆液味道适中，与成品口味匹配。

3. 浆猪里脊米总重量在 350 g 以上。

任务 4 苏打浆

任务目标

1. 能描述苏打浆的概念
2. 能描述苏打浆的作用
3. 能描述苏打粉的特点
4. 能选择苏打浆的原料
5. 能描述苏打浆的制浆方法
6. 能描述苏打浆上浆的常用手法
7. 能描述苏打浆的操作关键
8. 能描述苏打浆的烹调方法运用与过油温度要求
9. 能运用苏打浆对原料上浆

知识准备

一、苏打浆的概念

苏打浆是指在原料里加入适量的调料、蛋白（或全蛋液）和淀粉，用抓拌法或滚揉法搅拌原料，在原料表面形成的一层白色或褐色的黏性薄浆。

二、苏打浆的作用

1. 增强畜肉类和水产品类原料组织的亲水性。
2. 软化肌肉纤维组织，使肌肉质地疏松。
3. 增加原料的光泽，保持或改变原料的色彩。
4. 使原料表面光滑、饱满。
5. 使成品达到滑嫩、松软（或酥脆）的要求。

三、苏打粉的特点

1. 苏打粉溶解于水呈碱性，上浆后可改变原料的 pH 值。
2. 苏打粉可增加原料滑嫩、松软的质感，原因是原料中蛋白质的等电点偏离、吸水性提高、持水性增强。

3. 苏打粉可软化牛肉、羊肉等质地较老、韧性较强原料的肌肉纤维。

4. 苏打粉有较强的亲水力，可使虾仁、虾球等质地较嫩、含水量较高的原料形成脆嫩的质感。

四、苏打浆的原料

1. 在苏打浆的原料中，蛋白（或全蛋液）、淀粉和苏打粉的比例是 5∶5∶0.3。

2. 用于虾仁、虾球上浆的原料有蛋白、淀粉、苏打粉、白糖、盐、胡椒粉、味精、料酒等。

3. 用于牛里脊、牛霖肉、羊里脊上浆的原料有全蛋液、淀粉、苏打粉、老抽、生抽、盐、胡椒粉、水、白糖、味精、料酒等。

五、苏打浆的制浆方法

苏打浆的制浆方法有两种：一种是先用少量的水将苏打粉化开，搅匀后加入蛋白再充分搅拌，然后加入淀粉、料酒、胡椒粉、味精、白糖、盐等搅匀成浆，最后加入原料搅拌至均匀、上劲；另一种是先用盐等将原料腌渍入味，同时将苏打粉加少许水调匀，然后在原料中加入用水化开的苏打粉腌渍片刻，最后加入全蛋液或蛋白、其他调料等，一起搅拌至均匀、上劲。

六、苏打浆上浆的常用手法

1. 对于虾仁和虾球，采用搅拌、抓的方式抓拌原料，使苏打浆充分渗透到原料组织中去，与原料融合。

2. 对于牛肉和羊肉，采用推挤、翻滚、按摩、摔打、碰撞的方式滚揉原料，完成肉块或肉片的能量转换过程，改善肌肉的嫩度。

七、苏打浆的操作关键

1. 要控制好苏打粉的用量，量过多会有碱味和苦涩味，使蛋白质水解，破坏营养成分，影响菜肴质感。

2. 要根据原料的特点和菜肴的制作要求，准确地投放调料。

3. 调制苏打浆时，要先用水将苏打粉化开。

4. 在浆制肌肉纤维较粗、肉质较老的原料如牛肉时，一般先用盐、苏打粉（用水化开）将原料腌渍片刻，再加其他调料、全蛋液拌匀，静置 30 min，最后加入淀粉拌匀。

5. 在浆制含水量高、质地细嫩的原料如虾仁、虾球时，一般先用盐和淀粉将原料腌渍 30 min，再用冷水清洗干净、用干布吸干水分，才能用苏打浆上浆。

6. 浆好的原料要用适量的精制油封面，并静置一段时间后再使用，这样有利于在滑油时将原料划散，使菜肴质地柔软、滑嫩，或改变菜肴色泽。

八、苏打浆的烹调方法运用与过油温度要求

苏打浆多用于采用炒、爆、熘等烹调方法制作的菜肴，成品鲜嫩、滑润。

如果原料要保持滑嫩带脆的质感和均匀一致的白色，过油温度应控制在五成及以下；如果原料要保持滑嫩、松软的质感和均匀一致的褐色，过油温度不应超过六成。

 知识拓展

苏打粉的主要成分是碳酸氢钠，它属于碱性物质，适量食用能够有效地中和胃酸，对于缓解由于胃酸分泌过多而引起的胃胀、消化不良等疾病有较好的效果。

嫩肉粉是一种生物酶制剂，它含有木瓜蛋白酶，可催化肌肉蛋白质的水解，从而促进原料的软化和嫩度的提高。木瓜蛋白酶主要来源于番木瓜的根、茎、叶、果实和未成熟的汁液。

操作技能

浆牛柳片

操作准备

工具准备

不锈钢圆碗1个（建议直径200 mm）。

原料准备

长50 mm、宽30 mm、厚2 mm的牛柳片300 g，盐、全蛋液、水、料酒、老抽、生抽、苏打粉、白糖、味精、胡椒粉、淀粉和精制油适量，如图6-25所示。

图6-25 浆牛柳片所用的原料

操作步骤

步骤1 将牛柳片放入不锈钢圆碗内，先加入盐搅拌至均匀，再加入用水化开的苏打粉腌渍片刻，然后加入全蛋液、水、料酒、老抽、生抽、白糖、味精和胡椒粉搅拌至均匀，之后沿顺时针方向用力抓拌，如图6-26所示；静置30 min后，再加入淀粉，运用滚揉上浆的手法，使浆液均匀地包裹在牛柳片的表面。

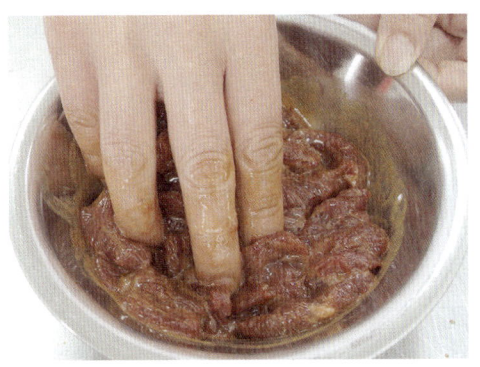

图6-26 抓拌牛柳片

步骤2 将牛柳片滚揉好后，用手将其表面抹平，并抹上适量的精制油，如图6-27所示；将上浆后的牛柳片静置 10 min，如图 6-28 所示。

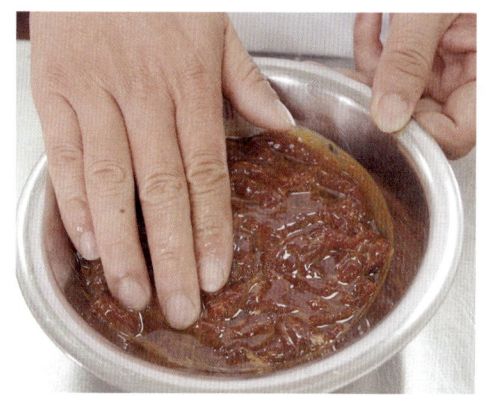

图 6-27　将牛柳片用精制油封面

图 6-28　将上浆后的牛柳片静置 10 min

操作关键

1. 选用新鲜、无异味的牛霖肉，其肉质要厚，中间无筋膜。
2. 初步加工时要去除牛霖肉的外膜。
3. 要横着牛霖肉的纤维方向切片，切得的牛柳片长 50 mm、宽 30 mm、厚 2 mm。
4. 浆液味道适中、无异常，各原料投放量正确。
5. 上浆手法要正确，用力要恰当，使浆液包裹好牛柳片。

质量指标

1. 浆液紧包牛柳片，牛柳片表面光亮、饱满，无吐水或脱浆现象，盛器内无渗液。

2. 各原料投放量正确，浆液味道适中，与成品口味匹配。

3. 浆牛柳片总重量在 400 g 以上。

浆牛肉粒

操作准备

工具准备

不锈钢圆碗1个（建议直径200 mm）。

原料准备

8 mm见方的牛肉粒300 g，盐、全蛋液、水、料酒、老抽、生抽、苏打粉、白糖、味精、胡椒粉、淀粉、精制油适量，如图6-29所示。

图6-29 浆牛肉粒所用的原料

操作步骤

步骤1 将牛肉粒放入不锈钢圆碗内，先加入盐搅拌至均匀，再加入用水化开的苏打粉腌渍片刻，然后加入全蛋液、水、料酒、老抽、生抽、白糖、味精和胡椒粉搅拌至均匀，之后沿顺时针方向用力抓拌，如图6-30所示，静置30 min后；再加入淀粉，运用滚揉上浆的手法，使浆液均匀地包裹在牛肉粒的表面。

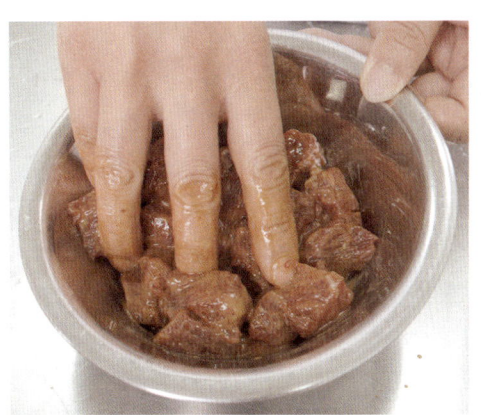

图6-30 抓拌牛肉粒

步骤2 将牛肉粒滚揉好后，用手将其表面抹平，并抹上适量的精制油，如图6-31所示；将上浆后的牛肉粒静置10 min，如图6-32所示。

| 原料加工与配菜

图 6-31　将浆牛肉粒用精制油封面

图 6-32　将上浆后的牛肉粒静置 10 min

操作关键

1. 选用新鲜、无异味的牛霖肉，其肉质要厚，中间无筋膜。
2. 初步加工时要去除牛霖肉的外膜。
3. 牛肉粒的规格是 8 mm 见方。
4. 浆液味道适中、无异常，各原料投放量正确。
5. 上浆手法要正确，用力恰当，使浆液包裹好牛肉粒。

质量指标

1. 浆液紧包牛肉粒，牛肉粒表面光亮、饱满，无吐水或脱浆现象，盛器内无渗液。
2. 各原料投放量正确，浆液味道适中，与成品口味匹配。
3. 浆牛肉粒总重量在 400 g 以上。

浆明虾球

操作准备

工具准备

（1）片刀1把。

（2）塑料砧板1个（建议长600 mm，宽400 mm，厚30 mm）。

（3）不锈钢圆碗1个（建议直径200 mm）。

（4）不锈钢圆盘1个（建议直径150 mm）。

原料准备

新鲜大明虾400 g（3~4只），盐、淀粉、苏打粉、蛋白、白糖、味精、胡椒粉、料酒、精制油适量，如图6-33所示。

图6-33　浆明虾球所用的原料

操作步骤

步骤1　将明虾外壳剥去，去头，去尾，取出虾仁，如图6-34所示；将虾仁平放在砧板上，采用拉刀批的刀法，顺着虾仁的长度，批去表面的黑衣，如图6-35所示，再清洗干净。

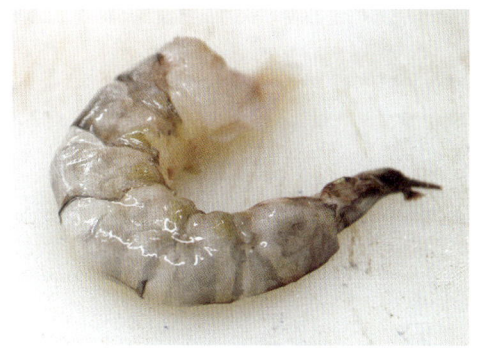

图6-34　取出虾仁

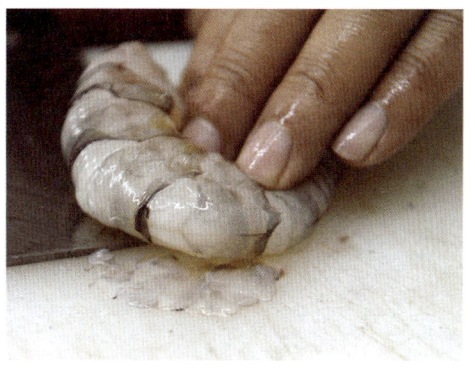

图6-35　批去虾仁表面的黑衣

步骤 2 抽去虾线，如图 6-36 所示，顺长将每只虾仁批成 30 mm 长的片（因加热后卷曲而常称为虾球），如图 6-37 所示。

图 6-38 抓拌明虾球

步骤 4 将明虾球抓拌好后，用手将其表面抹平，并抹上适量的精制油，如图 6-39 所示，静置 20 min；将浆好的明虾球放入不锈钢圆盘内，如图 6-40 所示。

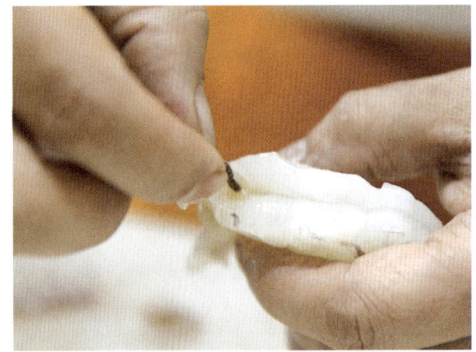

图 6-36 抽去虾线

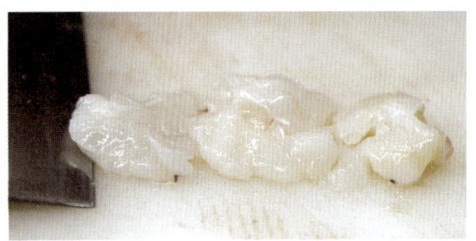

图 6-37 批出明虾球

步骤 3 将明虾球放入不锈钢圆碗内，加入适量的盐和淀粉腌渍 30 min 后取出；再用冷水将明虾球冲洗干净，用干净的干布吸干水分；然后将明虾球放入不锈钢圆碗内，加入盐、用水化开的苏打粉、蛋白、白糖、味精、胡椒粉和料酒搅拌至均匀，再加入淀粉，运用抓拌上浆的手法，使浆液均匀地包裹在明虾球的表面，如图 6-38 所示。

图 6-39 将明虾球用精制油封面

图 6-40 将浆好的明虾球装盘

操作关键

1. 选用新鲜、无异味的大明虾，其肉质要厚实。
2. 要批去虾仁表面的黑衣。
3. 浆液味道适中、无异常，各原料投放量正确。
4. 上浆手法要正确，用力要恰当，使浆液包裹好明虾球。

质量指标

1. 浆液紧包明虾球，明虾球表面光亮、饱满，无吐水或脱浆现象，盛器内无渗液。

2. 各原料投放量正确，浆液味道适中，与成品口味匹配。

3. 明虾球大小均匀，长 30 mm。

4. 浆明虾球总重量在 200 g 以上。

练习与检测

一、判断题（将判断结果填入括号中，正确的填"√"，错误的填"×"）

1. 上浆就是在经过刀工处理的原料中加入适当的调料，先腌出少许底味，再放入适量的水淀粉等，使原料由表及里地裹上一层薄薄的浆液，以便受热时形成完整的保护层，使菜肴达到滑嫩的效果。（　　）

2. 制浆时加入水有助于在原料周围形成浆液，分散可溶性物质和不溶性淀粉，使它们均匀地黏附于原料表面。（　　）

3. 淀粉在水中受热后会糊化，使浆液形成一种形成均匀而较稳定的浆状溶液。（　　）

4. 滚揉是通过推挤、翻滚、按摩、摔打和碰撞来完成的，在此过程中肉完成了能量转换的化学过程。（　　）

5. 挂糊要求吃浆上劲，上浆不要求上劲。（　　）

二、单项选择题（选择一个正确的答案，将相应的字母填入题内的括号中）

1. 原料上浆后持水性增强，表面受热形成的保护层热阻较大、通透性较差，可以有效地防止原料因过分受热而引起蛋白质深度变性（蛋白质深度变性会导致原料的持水性显著下降，即所含水分大量流失），但不会使菜肴具有（　　）的特点。

　　A. 滑　　　　B. 嫩　　　　C. 脆　　　　D. 韧

2. 盐能抽提出肌肉经刀工处理暴露的（　　），有助于上浆。

　　A. 水溶性蛋白质　　　　B. 脂溶性蛋白质
　　C. 盐溶性蛋白质　　　　D. 免疫球蛋白

3. 苏打粉增加原料滑嫩、松软质感的原因不包括（　　）。

　　A. 蛋白质的等电点偏离　　　　B. 蛋白质的吸水性提高
　　C. 蛋白质的持水性增强　　　　D. 蛋白质的等电点不偏离

4. 关于滚揉法的描述不正确的是（　　）。

　　A. 促使浆液在原料表面均匀分布，改善肉的嫩度
　　B. 加速盐溶性蛋白质向肉表面的移动

C. 加速盐溶性蛋白质的提取

D. 减少盐溶性蛋白质的提取

5. 所用浆液可以稀一些的原料是（　　）。

A. 未经冷冻的原料　　　　　B. 表面光滑的原料

C. 经冷冻的原料　　　　　　D. 较嫩的原料

三、多项选择题（选择两个或两个以上正确的答案，将相应的字母填入题内的括号中）

1. 上浆的作用主要体现在（　　）。

A. 能保持原料的嫩度　　　　B. 能美化原料的形态

C. 能保持和增加菜肴的营养成分　　D. 能使菜肴的色彩异常鲜艳

E. 能保持菜肴的鲜美滋味

2. 鸡蛋在制浆时的作用是（　　）。

A. 蛋白遇热易变性并凝固，由溶胶变为凝胶

B. 凝胶在原料周围可形成一层更完整、更牢固的保护层，阻止原料中的水分散失，使原料能够保持良好的嫩度

C. 增加菜肴的营养

D. 改变上浆后原料的色彩，使其呈白色或黄色

E. 使菜肴更加爽滑

3. 滚揉过度的主要问题是（　　）。

A. 提取的盐溶性蛋白质过多

B. 在肉与肉之间形成一种黄色的变质蛋白质——蛋白胨

C. 影响菜肴的整体色泽

D. 导致肉的黏结性、持水性变差

E. 肉块的嫩度增大

4. 浆液稠度的决定性因素包括（　　）。

A. 原料的质地　　　　　　　B. 原料的吸水性

C. 原料的脆性　　　　　　　D. 烹调的要求

E. 原料是否经过冷冻处理

5. 浆明虾球的原料有（　　）。

A. 盐　　　　　　　　　　B. 全蛋液

C. 苏打粉　　　　　　　　D. 淀粉

E. 胡椒粉

参考答案

一、判断题

1. √　　2. √　　3. ×　　4. ×　　5. ×

二、单项选择题

1. D　　2. C　　3. D　　4. D　　5. A

三、多项选择题

1. ABCE　　2. ABCD　　3. ABCD　　4. ABE　　5. ACDE

项目 7　配花式菜

任务导入

配花式菜
- 概念
- 运用实例
- 方法
- 特点
- 原料
- 作用

"酿"制法配花式菜
八宝葫芦鸭
芙蓉蟹斗
白玉虾蟹盒
百花酿海参
春意竹荪

"卷"制法配花式菜
三丝鳜鱼卷
兰花竹笋卷
翡翠白玉卷
菌菇鲈鱼卷
黄金豆酥卷

"包"制法配花式菜
荷叶粉蒸肉
千张五福袋
佛门素响铃
脆皮沙律虾
里脊凤尾饺

任务 1 配花式菜基础

 任务目标

1. 能描述花式菜与配菜的概念
2. 能描述配花式菜的作用和原则
3. 能描述配花式菜对厨师的要求
4. 能选择适用于配花式菜的原料
5. 能描述配花式菜的操作关键
6. 能描述配花式菜的常用手法
7. 能描述配花式菜的工艺要求

 知识准备

一、花式菜与配菜的概念

花式菜是指选用多种原料，运用精细刀工技术和配菜手法制作的，色彩鲜艳、造型美观、手法复杂、营养丰富、有一定艺术美的菜肴。

配菜是配花式菜的基础，是指根据菜肴的品种和质量要求，把经过刀工处理的两种或两种以上原料（包括主料和辅料）适当搭配，使之成为一道菜肴（或一桌菜肴）完整原料的过程。配菜对花式菜的质量有十分重要的意义。

二、配花式菜的作用和原则

1. 配花式菜的作用

（1）能提升菜肴的档次。

（2）能丰富菜肴的营养。

（3）能提高宾客的食欲。

（4）能传承饮食文化。

（5）能展现菜肴的加工工艺。

2. 配花式菜的原则

首要原则是一道菜肴中原料的大小、老嫩、厚薄和形态都要相近。次要原则是要按菜单要求配菜，注意特殊要求，同时区分轻重缓急，有计划地按出菜要求和菜肴制作顺序配菜。

三、配花式菜对厨师的要求

厨师应熟悉菜肴所用原料的特点，善于搭配原料，重视营养搭配；应通晓刀工技术与烹调方法，并承担部分刀工工作；应了解全国不同菜系的特点，不囿于陈旧的条条框框，能够推陈出新，创造出新的花式菜；应了解市场行情，掌握成本核算方法。

配花式菜时，厨师应主要考虑以下因素：原料的选择与确定，各种原料的搭配比例、营养互补和搭配禁忌，菜肴色、形、香、味的协调与有机组合，出菜数量和成本，营养价值和创新。

四、配花式菜的选料要求

花式菜所用原料品种繁多，在配菜时要根据花式菜的工艺要求选择合适的原料，保证花式菜的质量。一般以选择当季原料为主，以突显原料的色泽、形态、香味、口味、质感等要素。

花式菜的包裹原料要选择外形完整、美观、无破损的自然形原料，如整禽、整鱼、整螺（去肉）、河蟹（去肉）、海参等动物性原料，番茄、青椒、黄瓜、藕、菌菇等蔬菜，豆腐皮、千张（又称百叶）、油豆腐等豆制品原料。

花式菜的馅料可以选择本身带有特殊鲜味的动物性原料，如禽肉、畜肉、鱼类、虾类、蟹类、蛋类、贝类等；也可以选择能加工成各种形态的蔬菜，如土豆、山药、萝卜、白菜、荠菜、韭菜、芹菜、菌类等。

五、配花式菜的操作关键

1. 在配花式菜时，要选择当季原料。
2. 原料的加工方法要科学，尽量保持其原有的营养成分。
3. 要熟练掌握配花式菜的手法，能突出花式菜的工艺。
4. 要通晓烹调方法，掌握调料的投放量及比例，并按照烹调环节配花式菜。

六、配花式菜的常用手法

配花式菜的常用手法有叠（见图 7-1）、捏（见图 7-2）、嵌（见图 7-3）、扣（见图 7-4）、串（见图 7-5）、排（见图 7-6）、扎（见图 7-7）、包（见图 7-8）、卷（见图 7-9）、酿（见图 7-10）等。运用不同的配菜手法可将原料搭配起来，使其造型与烹调方法完美结合，提升菜肴的艺术性。为了保持菜肴的色泽、形态、香味、口味、质感，要选择正确的手法配花式

图 7-1　叠——锅贴银鳕鱼

图 7-2　捏——鱼香虾面

图 7-3　嵌——麒麟鳜鱼

图 7-4　扣——鸡汁扣鲜菇

图 7-5　串——火焰龙凤球

图 7-6　排——八生火锅（梅、兰、竹、菊、蝶、鱼、扇、花）

图 7-7　扎——金汤柴把翅

图 7-8　包——里脊凤尾饺

图 7-9　卷——罗汉时蔬卷

图 7-10　酿——盐焗酿馅螺

菜，也要选择正确的烹调方法，以保证菜肴造型完整、美观。下面简要介绍几种配花式菜的常用手法。

1. 叠

叠是指将不同色彩、口味的原料加工成相似的片状，在片与片之间涂上茸状的黏性原料如虾茸、鸡茸、鱼茸等，使其黏结在一起，形成不同形状的块。采用叠的手法配得的花式菜具有色彩鲜艳、造型美观的特点，如锅贴鱼、琵琶虾等，这类菜一般采用煎的烹调方法。

2. 捏

捏是指将加工成茸或泥的原料经上浆起劲，用手挤捏成丸状或搓成饼状、条状，也可以用裱花袋将原料裱挤成细条或粗丝。采用捏的手法配得的花式菜具有光滑、饱满、易于消化的特点，如珍珠虾球、杨梅丸子、鱼香虾面、咖喱鸡肉饼，这类菜一般采用煮、氽、熘、炸的烹调方法。

3. 嵌

嵌又称夹，是指先在主料上剞出夹片形刀纹，再在刀纹间嵌入辅料。采用嵌的手法配得的花式菜具有主辅料交融、色形俱佳的特点，如火夹冬瓜、火夹鱼、麒麟鱼等，这类菜一般采用蒸的烹调方法。

4. 扣

扣是指将加工成丝、块、片等形状的原料，或由形小而完整的自然形原料加工成的半成品，整齐地摆放在器皿内烹熟，上桌前再扣入盆或碗内。采用扣的手法配得的花式菜具有摆放整齐、图案美丽的特点，如扣三丝、干蒸莲子、怪味鸭掌、鸡汁扣鲜菇等，这类菜一般采用蒸的烹调方法。

5. 串

串是指将主料加工成块、片等形状，或选择形小而完整的自然形原料，搭配洋葱、青椒和胡萝卜并进行调味后，再用牙签、竹签或钢签串在一起烹熟。采用串的手法配得的花式菜具有主辅料的口味相互渗透、色泽诱人、香味浓郁的特点，如串烤里脊、串炸龙凤球、云腿翅中翅等，这类菜一般采用烤和炸的烹调方法。

6. 排

排的手法有三种，采用排的手法配得的花式菜具有用料精致、做工细腻的特点，具有一定的艺术美。

（1）排的手法之一。将质地细腻的原料如豆腐、鸡里脊、虾仁、鱼肉等加工成泥或茸，再掺入猪肥膘泥、蛋白等一起搅拌至起劲，然后放在平盘里，与质软、色艳的原料拼摆成各种图案，再熟制、定型。采用这种手法制成的花式菜有一品莲蓬汤、莲花珍珠汤、扇形豆腐等，这类菜一般采用蒸的烹调方法。

（2）排的手法之二。将时令蔬菜和食用菌加工成片，或运用大刀花技术将适宜的原料加工成花刀片，再与形小而完整的自然形原料一起拼摆出动物、植物、器物等造型，最后烹熟。采用这种手法制成的花式菜有扇形素烩、花篮素烩、蝴蝶时蔬、荷花双菇等，这类菜一般采用烩、扒等烹调方法。

（3）排的手法之三。将原料根据造型需要加工成片、条、丝、粒等，搭配自然形原料拼摆成形。采用这种手法制成的经典花式菜是八生火锅，这类菜一般采用涮的烹调方法。

7. 扎

扎又称捆，是指先将主料加工成丝、条或片，用调料拌入滋味，再用海带丝、泡椒丝、金针菜、葱丝、金针菇等有一定韧性的辅料将其捆扎成一束束的柴把形状，然后进行熟制。采用扎的手法制成的菜肴具有色彩绚丽、造型小巧的特点，如柴把鸡、柴把鸭、柴把火腿、彩带鱼丝、金汤柴把翅等，这类菜一般采用煮、蒸、软熘的烹调方法。

七、配花式菜的工艺要求

1. 对色彩的要求

菜肴主料、辅料色彩搭配的一般原则是辅料衬托主料。辅料色彩过于艳丽夺目会压制主料色彩，正确的色彩搭配效果是协调、美观、大方、有层次感。

在色彩的配合上，一般是色彩相近的原料配在一起，否则很不协调，不能给人以美的视觉享受。常见的顺色菜是指组成菜肴的主料与辅料色彩基本一致，如鸡油三白就是用鸡胸肉、蛋白、鲜蘑菇按照配顺色原则配出的一道顺色菜。

当然，对应顺色菜的还有一类异色菜，是指将不同色彩的主料、辅料搭配在一起的菜肴，主要是为了突出主料，使菜肴色彩、层次分明。异色菜的主料与辅料色彩差异明显，如用绿色的莴笋、黑色的木耳搭配红色的肉片，用绿色的豌豆搭配玉色的虾仁。

2. 对形态的要求

形是指经刀工处理后菜肴主料、辅料的形状。同形配是指主料与辅料的形态、大小等均保持一致，这种搭配可使菜肴产生一种整齐的美感，如炒三丁就是丁配丁，土豆烧牛肉就是块配块，黄瓜炒肉片就是片配片。异形配是指主料与辅料形状不同、大小不一，如荔枝鱿鱼卷、菠萝咕咾肉等。

菜肴的造型往往需要借助辅料完成，辅料使用得当能使菜肴造型逼真。例如，酿金鲤虾是将虾肉及鸡胸肉捏成金鲤鱼的形状，并用切成三角形的熟火腿作为鱼鳍，用青豆作为鱼眼。

3. 对香味和口味的要求

菜肴的香味和口味主要是经烹调产生的，但若能合理、恰当地利用各种主料固有的香味和口味，就能突出菜肴的主味。例如，以辅料味之清淡衬托主料味之浓厚，就是浓淡相配。

在味的配合上，应尽量保持主料的本味。另外，主料滋味鲜美的应多配清淡的辅料，主料味淡的应多配鲜一些的辅料，味浓、油腻重的主料应多配新鲜、清淡的蔬菜。例如，鱼可以搭配适量的姜丝、葱丝和红辣椒丝，以去除鱼腥味，同时使鱼的鲜味更加突出。

4. 对质感和数量的要求

同质相配能使菜肴原料的生熟程度和质感一致，如鲜蘑豆腐、油爆双脆、海带牛肉丝、芙蓉鸡片等菜肴的配菜方法就属于同质相配。

在数量的配合上，主料要多一些，辅料要少一些，辅料不要喧宾夺主。一般情况下，主料为 200 g 左右。

5. 对卫生的要求

（1）清洗、切配后的净菜应分类分区放于物架上，严禁直接摆放在地上。

（2）切配禽畜肉、水产品、蔬菜等时必须分开，且刀具、砧板专用，专用砧板要有明确、显眼的标识。切配好的禽畜肉、水产品、蔬菜等如果不能及时使用，应放入冰箱保鲜，冰箱要定期清洗、消毒。切配好的禽畜肉、水产品、蔬菜等应一菜一摆放，盛器要严格分开和分别专用，且有明确、显眼的标识。

（3）为了确保原料符合卫生要求，配菜时应再次检查和清除烂叶、鱼鳞和鱼鳃、有害健康的淋巴结、土豆的芽眼，以及砂石、金属等杂物。

知识拓展

一、配菜与营养的关系

营养合理是指膳食的营养成分能满足机体需求。营养合理的膳食能为人体提供种类齐全、质量良好、比例适当的各种营养素。

配菜是整个菜肴制作过程中的一个重要环节，也是实现营养平衡与饮食结构合理的关键点。合理配菜能使各种原料的营养成分互补，提高菜肴的营养价值。荤素搭配是中式菜肴的传统配菜法，无论从营养学还是烹饪学角度来看，都是有科学道理的。营养合理的基本原则是供给平衡、合理烹调加工、注重多样化、感观性状良好、促进食欲、提高消化率、增加饱腹感。

符合营养合理要求的膳食一般称为平衡膳食，其基本要求是膳食中的热量和各种营养素必须满足生理和活动的需要，且采用适当的烹调方法制成。当然，平衡膳食离不开合理的饮食制度。

配菜恰当与否直接关系到菜肴的色、香、味、形和营养价值，也决定一桌菜肴能否协调。配菜功夫是否到家主要体现为厨师能否准确掌握各类烹饪原料的投放比例，能否使菜肴的营养搭配最优。

二、配菜过程中保存菜肴营养素的方法

1.动物性原料尽可能先上浆再烹饪，以减少水分和营养素的损失。如果使用苏打浆，要控制好苏打粉的用量。

2.维生素具有怕碱不怕酸的特性，在配菜时可以选用含酸性物质多的叶菜类、茎菜类和果菜类蔬菜。另外，各种酸性物质还能帮助分解钙质，促进人体对钙元素

的吸收。

3. 蔬菜应先清洗再切配，以减少水溶性维生素的损失。

4. 胡萝卜、番茄、茄子等富含脂溶性维生素A，在制作花式菜的馅料时可选用。

5. 对需要焯水的原料多采用沸水锅，注意不要加碱，因为碱会破坏蛋白质、维生素等营养素。

任务 2 "酿"制法配花式菜

任务目标

1. 能描述"酿"制法配花式菜的概念
2. 能描述"酿"制法配花式菜的特点
3. 能选择适用于"酿"制法的原料
4. 能描述"酿"制法配花式菜的运用实例
5. 能用"酿"制法配花式菜

知识准备

一、"酿"制法配花式菜的概念

"酿"是指在比较完整的主料如海参、竹荪、青椒等内部加入馅料,或在整鸡、整鸭、整鸽、整鱼等出骨后的主料空隙处加入馅料,或在由冬瓜、黄瓜、苦瓜等加工成的瓜盒中加入加工成茸、泥、粒等形态的馅料,使菜肴成型的配菜手法。"酿"制的花式菜多采用煮、蒸的烹调方法。

二、"酿"制法配花式菜的特点

"酿"制的花式菜突出主料造型,主料和辅料色、形、味交融,辅料的香味可以弥补主料的不足,达到互补和美化的效果。

三、"酿"制法配花式菜的原料选用

"酿"制法可选择的主料有整鸡、整鸭、整鸽、鸡翅、鸭掌、全鱼、河蟹、蜗牛、田螺、海参、竹荪、香菇、青椒等具有自然形态的原料。也可以将冬瓜、黄瓜、苦瓜等加工成瓜盒,再进行"酿"制。

"酿"制法可选择的辅料有鸡茸、虾茸、鱼茸、禽肉滑、畜肉滑、蟹粉、菜泥、咸蛋黄、糯米等。

四、"酿"制法配花式菜的运用实例

"酿"制法配花式菜的运用实例如下：八宝葫芦鸭、八宝鸡、葫芦鸽、芙蓉蟹斗、白玉虾蟹盒、百花酿海参、春意竹荪、荔枝鸡球、酿青瓜、酿田螺、酿鳜鱼等。

 操作技能

八宝葫芦鸭

操作准备

工具准备

（1）片刀1把。
（2）塑料砧板1个（建议砧板长600 mm，宽400 mm，厚30 mm）。
（3）不锈钢圆碗2个（建议直径200 mm）。
（4）不锈钢长方盘1个（建议长400 mm，宽300 mm）。
（5）长柄不锈钢调羹1把。
（6）长盘1个。
（7）棉绳2根（建议长500 mm）。
（8）漏勺1把。

原料准备

重约1 250 g的肥嫩仔鸭1只，糯米100 g，熟猪肚、鸭腿肉各75 g，胡萝卜50 g，香菇、冬笋、火腿、虾米、青豆各25 g，鸡蛋60 g，葱段、姜片、精制油、老抽、料酒、盐、味精、白糖和白胡椒粉适量。

操作步骤

步骤1 运用整鸭出骨的方法，脱去肥嫩仔鸭的躯干骨等主要骨骼，注意保持外形完整，洗净后加葱段、姜片、盐、白胡椒粉和料酒腌制；将糯米蒸至半熟形成硬饭，加老抽拌匀上色。

步骤2 将8种辅料先洗净；将熟猪肚切成10 mm见方的丁；将鸭腿肉去皮，切成10 mm见方的丁，用冷水锅焯一下；将胡萝卜、香菇、冬笋和火腿采用直切的刀法切成10 mm见方的

丁，再分别放入沸水锅焯一下；将虾米和青豆先分别放入沸水锅中焯一下（7种焯水的辅料要再冲洗去沫，沥去水分）。经过初步加工的八宝葫芦鸭原料如图7-11所示。

图7-11 经过初步加工的八宝葫芦鸭原料

步骤3 在糯米饭中加入8种辅料，再加入适量的盐、味精、白糖、白胡椒粉、料酒、全蛋液和精制油，搅拌均匀，调制成八宝馅料（见图7-12）。

图7-12 八宝馅料

步骤4 将手伸入鸭子的腹腔内，将鸭翅膀抽拉到腹腔内；用长柄不锈钢调羹把八宝馅料从颈部刀口处"酿"入腹腔内；将鸭颈的一半塞入腹腔内，留鸭头在外，用一根棉绳将"酿"馅的刀口扎住，再用另一根棉绳在翅膀处用力扎出上小下大的葫芦形；将八宝葫芦鸭半成品头朝上放在长盘里，如图7-13所示。

图7-13 将八宝葫芦鸭半成品装盘

操作关键

1. 选用重约 1 250 g 的肥嫩仔鸭,鸭子外形应完整无破损;8 种辅料应新鲜、无异味,突出时令性。

2. 整鸭出骨时,刀刃不要划破外皮;腌渍鸭子时,要注意调料的用量,不要腌得过咸。

3. 调制八宝馅料时,调料的投放量要准确。

4. 8 种辅料要处理得当,馅料不要"酿"得太满,一般"酿"到六分满至八分满。

5. 用力扎牢棉绳,扎的位置要正确。

质量指标

1. 8 种辅料要荤素各半,色彩鲜艳。

2. 馅料的形态大小均匀,除虾米、青豆外,熟猪肚、鸭腿肉、胡萝卜、香菇、冬笋和火腿均为 10 mm 见方的丁。

3. 鸭子皮肉无破损,葫芦造型美观,馅料饱满不外漏。

4. 馅料味道适中,与成品口味匹配。

芙蓉蟹斗

操作准备

工具准备

（1）片刀1把。

（2）塑料砧板1个（建议砧板长600 mm，宽400 mm，厚30 mm）。

（3）不锈钢圆碗2个（建议直径200 mm）。

（4）竹质馅心挑板1把。

（5）不锈钢小镊子1把。

（6）长盘1个。

（7）手勺1把。

原料准备

鲜活河蟹（带蟹黄）8只，猪肥膘25 g，鸡蛋250 g，猪油、姜末、料酒、水、盐、白胡椒粉、白糖、香醋、淀粉适量，芫荽、红椒、黄瓜、橙皮等色彩鲜艳的装饰料少许。

操作步骤

步骤1 将装饰料洗净，进行初步加工；将河蟹蒸熟后拆解，拆出蟹黄和蟹肉（合称蟹粉）备用；将猪肥膘洗净，切成3 mm见方的米；将锅用大火烧热，放入猪油融化并盛出部分备用，转中火放入姜末慢慢煸出香味，放入蟹粉和猪肥膘米一起煸炒至出香味，烹料酒，加少许水煮至半干，加入盐、白胡椒粉、白糖和香醋，用水淀粉勾芡，淋猪油，当馅料有一定稠度后，将其装入不锈钢圆碗里；将鸡蛋敲破一个小口，让蛋白流入另一个不锈钢圆碗里，用搅拌器将蛋白加工成泡沫状，加入少许淀粉拌匀，制成蛋泡糊。馅料、蛋泡糊、装饰料和蟹壳如图7-14所示。

步骤2 将蟹壳逐个洗净，用竹质馅心挑板将馅料"酿"入蟹壳内，如图7-15所示，"酿"至八分满；将馅料向蟹壳中间刮拢，直至均匀、饱满、表面光滑。

图 7-14 馅料、蛋泡糊、装饰料和蟹壳

图 7-16 将蛋泡糊涂抹在馅料上方

步骤 4 将装饰料进一步加工成形，用不锈钢小镊子将装饰料点缀在蟹斗上，形成美丽的图案，将芙蓉蟹斗半成品整齐地摆放在长盘中，如图 7-17 所示。

图 7-15 将馅料"酿"入蟹壳

图 7-17 将芙蓉蟹斗半成品装盘

步骤 3 用竹质馅心挑板将蛋泡糊均匀地涂抹在馅料上方，如图 7-16 所示，制成蟹斗。

> **操作关键**
>
> 1. 选用鲜活的河蟹，蒸熟后要清除河蟹的鳃、心和沙囊，拆出蟹黄和蟹肉，并清除蟹肉和蟹黄里的细小蟹壳，蟹壳应大小均匀、外形完整无破损。
>
> 2. 装饰料应新鲜、无异味，突出时令性，不要选用刺激性强的原料如洋葱、韭菜、尖椒等，也不要选用加热后易变色的原料如草莓、菠菜等。

3. 炒蟹粉时动作要轻、要快，不可将蟹粉捣碎，且调料的投放量要准确。

4. 装蛋白的器皿不可沾上油、盐、水，搅打后应加入少许淀粉拌匀，以防止蛋泡糊萎缩。

5. 馅料不要"酿"得太满，一般"酿"至八分满。

质量指标

1. 装饰料不少于4种，色、形搭配和谐。
2. 馅料味道适中。
3. 芙蓉蟹斗半成品造型美观，大小和高度均匀。
4. 芙蓉蟹斗半成品形态饱满、完整，有立体感，表面光滑，无破损。
5. 芙蓉蟹斗半成品的装饰图案美观，不少于4种。
6. 芙蓉蟹斗半成品的数量一般为8个。

白玉虾蟹盒

操作准备

工具准备

（1）片刀和斜口雕刻刀各1把。

（2）塑料砧板1个（建议砧板长600 mm，宽400 mm，厚30 mm）。

（3）不锈钢圆碗1个（建议直径200 mm）。

（4）不锈钢小镊子1把。

（5）椭圆形盘1个。

（6）干净的干布1块。

原料准备

冬瓜500 g，河虾仁50 g，蟹黄25 g，鸡蛋60 g，葱姜汁、料酒、盐、白胡椒粉、白糖、味精和淀粉适量，芫荽、黄瓜、胡萝卜、橙皮、香菇、香葱等色彩鲜艳的装饰料少许。

图7-19　深度为15 mm的冬瓜盒

操作步骤

步骤1　将装饰料洗净，加工成形；将冬瓜去皮、去籽、去瓤，取肉洗净，切成8块边长40 mm、厚20 mm的正方块；用斜口雕刻刀把冬瓜块修成直径40 mm的圆柱体，从中间挖出瓜肉，如图7-18所示，留5 mm的边缘，制成深度为15 mm的冬瓜盒（见图7-19）。

步骤2　将河虾仁抽去虾线，加入少许盐搅拌均匀，用水冲洗干净，再用干净的干布吸干水分；采用排斩的刀法将河虾仁加工成虾茸，将虾茸放在不锈钢圆碗里，先加入少许盐搅拌至起劲，再加入适量的蛋白、葱姜汁、料酒、白胡椒粉、白糖、味精和淀粉，运用蛋白浆的上浆方法，沿顺时针方向用力搅拌至上劲，制成色泽洁白、富有弹性的虾滑馅料，如图7-20所示。

图7-18　从中间挖出瓜肉

图7-20　虾滑馅料

步骤3　先用手指蘸少许淀粉在瓜盒的内壁上抹一遍，如图7-21所示；

然后在瓜盒中间嵌入蟹黄，用斜口雕刻刀将虾滑"酿"入瓜盒内，注意表面应刮至饱满、平整；再用不锈钢小镊子将装饰料点缀在虾盒表面，形成美丽的图案；最后将白玉虾蟹盒半成品整齐地摆放在椭圆形盘中，如图7-22所示。

图7-21　在瓜盒的内壁上抹淀粉

图7-22　将白玉虾蟹盒半成品装盘

操作关键

1. 选用肉质厚实的冬瓜，新鲜、无异味的河虾仁和蟹黄；装饰料应新鲜、无异味，突出时令性，不要选用刺激性强的原料如洋葱、韭菜、尖椒等，也不要选用加热后易变色的原料如草莓、菠菜等。
2. 冬瓜的皮、籽、瓤要去除干净，瓜肉要修成圆柱体，大小均匀。
3. 加工虾滑馅料时，投料量要准确。
4. 将虾滑馅料"酿"入瓜盒后，要刮至表面饱满、平整。

质量指标

1. 装饰料不少于6种，色、形搭配和谐。
2. 虾滑馅料味道适中，且富有弹性。
3. 白玉虾蟹盒半成品造型美观，大小和高度均匀。
4. 白玉虾蟹盒半成品形态饱满、完整，有立体感，无破损。
5. 白玉虾蟹盒半成品的装饰图案美观，不少于4种。
6. 白玉虾蟹盒半成品的数量一般为8个。

百花酿海参

操作准备

工具准备

（1）片刀和斜口雕刻刀各1把。

（2）塑料砧板1个（建议砧板长600 mm，宽400 mm，厚30 mm）。

（3）不锈钢长方盘1个（建议长400 mm，宽300 mm）。

（4）不锈钢圆碗1个（建议直径200 mm）。

（5）不锈钢小镊子1把。

（6）竹质馅心挑板1把。

（7）圆盘1个。

（8）干净的干布1块。

（9）漏勺1把。

原料准备

长80 mm以上的水发海参（刺参）8只，河虾仁100 g，鸡蛋60 g，葱段、姜片少许，葱姜汁、料酒、老抽、高汤、白糖、盐、白胡椒粉、味精和淀粉适量，芫荽、红椒、黄瓜、橙皮、香菇、香葱等色彩鲜艳的装饰料少许。

操作步骤

步骤1 将水发海参焯水去腥，加入葱段、姜片、料酒、老抽、高汤、白糖、盐等烧煮入味；将装饰料洗净，进行初步加工；将河虾仁去虾线，加盐搅拌后冲洗干净，用干净的干布吸干水分，再加工成虾茸，加入蛋白、葱姜汁、白糖、盐、白胡椒粉、味精和淀粉上浆，制成虾滑馅料。经过初步加工的百花酿海参部分原料如图7-23所示。

图7-23 经过初步加工的百花酿海参部分原料

步骤2 用手指蘸少许淀粉，抹在海参腹部的内壁上，如图7-24所示；用竹质馅心挑板将虾滑馅料"酿"入海参腹内至八成满，再用斜口雕刻刀将虾滑馅料均匀地向海参中间刮拢，刮至表面平整、光滑，如图7-25所示。

图 7-24　在海参腹部的内壁上抹淀粉

图 7-26　虾滑馅料的装饰

步骤 4　将百花酿海参半成品整齐地摆放在圆盘中，如图 7-27 所示。

图 7-25　刮至虾滑馅料表面平整、光滑

步骤 3　将装饰料进一步加工成形，用不锈钢小镊子将装饰料点缀在虾滑馅料上，形成美丽的图案，如图 7-26 所示。

图 7-27　将百花酿海参半成品装盘

操作关键

1. 选用涨发较好、外形完整无破损的刺参；装饰料应新鲜、无异味，突出时令性，不要选用刺激性强的原料如洋葱、韭菜、尖椒等，也不要选用加热后易变色的原料如草莓、菠菜等。

2. 海参不要过度涨发，以有弹性、不破损为宜。

3. 海参要先烧煮入味，调料投放量要准确。

4. 虾滑馅料的投料量要准确，上浆后要搅拌至上劲有弹性。

5. 虾滑馅料不要"酿"得太满，一般"酿"到八成满。

质量指标

1 装饰料不少于6种，色、形搭配和谐。

2 百花酿海参半成品造型美观，大小和高度均匀。

3 百花酿海参半成品形态饱满、完整，有立体感。

4 虾滑馅料表面平整、光滑，味道适中，且富有弹性。

5 百花酿海参半成品的装饰图案美观，不少于4种。

6 百花酿海参半成品的数量一般为8个。

春意竹荪

操作准备

工具准备

（1）片刀和斜口雕刻刀各1把。

（2）塑料砧板1个（建议长600 mm，宽400 mm，厚30 mm）。

（3）不锈钢长方盘1个（建议长400 mm，宽300 mm）。

（4）不锈钢圆碗1个（建议直径200 mm）。

（5）一次性裱花袋1个。

（6）方盘1个。

原料准备

干竹荪8支，小青菜8棵，鸡里脊50 g，熟火腿10 g，水发香菇25 g，水发鱼翅50 g，鸡蛋60 g，高汤、葱姜汁、料酒、盐、白胡椒粉、白糖、味精和淀粉适量。

操作步骤

步骤1 将鸡里脊去筋、洗净，采用排斩的刀法，将其加工成鸡茸，放在不锈钢圆碗里，加入盐搅拌至起劲，再加入蛋白、葱姜汁、料酒、白胡椒粉、白糖、味精和淀粉，运用蛋白浆的上浆方法制成鸡滑；在 500 g 清水中加入 10 g 盐，将干竹荪放入淡盐水中浸泡 10 min，等干竹荪变软，清理网状菌裙并清洗干净，在距菌盖 80～90 mm 处将其切成段。

步骤2 剥去小青菜的老叶，取中间菜心，并修整外叶，如图 7-28 所示；用斜口雕刻刀将菜心切出 25 mm 的长度，再修去中间的部分，形成花蕾形小菜包，如图 7-29 所示。经过初步加工的春意竹荪部分原料如图 7-30 所示。

图 7-29 形成花蕾形小菜包

图 7-30 经过初步加工的春意竹荪部分原料

步骤3 将水发香菇和火腿切成 3 mm 见方的米，一起放入鸡滑里搅拌均匀，制成馅料；将馅料放入一次性裱花袋，从竹荪切口处裱入，至八成满，如图 7-31 所示。

图 7-28 修整菜心外叶

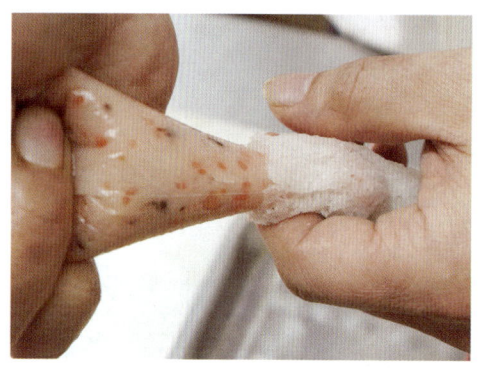

图7-31　从竹荪切口处裱入馅料

步骤4　将花蕾形小菜包套在竹荪菌盖上，朝外整齐地摆放在方盘里；将水发鱼翅焯一下水，再加入高汤、调料略煮入味，然后用手撕散，堆放在方盘中央，盖住竹荪的切口，如图7-32所示。

图7-32　将春意竹荪半成品装盘

操作关键

1. 选用外形完整无破损、大小均匀的竹荪，小青菜、鸡里脊、熟火腿、水发香菇、鱼翅等辅料应新鲜、无异味。
2. 竹荪涨发后不能有破损处，故要轻轻地清洗。
3. 将鸡茸上浆时，投料量要准确。
4. 馅料不要"酿"得太满，一般"酿"到八分满。
5. 小青菜要加工成短小的花蕾形。

质量指标

1. 春意竹荪半成品造型美观，大小和长度均匀。
2. 春意竹荪半成品形态饱满、完整，有立体感，无破损。
3. 馅料味道适中。
4. 春意竹荪半成品的数量一般为8个。

任务3 "卷"制法配花式菜

任务目标

1. 能描述"卷"制法配花式菜的概念
2. 能描述"卷"制法配花式菜的方法
3. 能选择适用于"卷"制法的原料
4. 能描述"卷"制法配花式菜的运用实例
5. 能用"卷"制法配花式菜

知识准备

一、"卷"制法配花式菜的概念

"卷"是指将各种有韧性的主料加工成较大的片，或直接选用较薄、较大的片形主料，在主料上涂抹蛋糊、鸡茸等黏性较大的辅料，将不同口味、色彩的辅料先加工成丝、茸或小片状，再加调料拌至入味制成馅料，然后将馅料铺在主料上卷起，卷成卷筒形、圆锥形和如意形的半成品的配菜手法。"卷"制的花式菜多采用炸、蒸和滑熘的烹调方法。

二、"卷"制法配花式菜的方法

"卷"从制作手法上可分为单向卷和双向卷。单向卷是指从外皮的一端开始压紧馅料，顺一个方向翻卷。在制作冷菜、热菜时皆可采用单向卷的方法，适用的烹调方法有炸、蒸、熘等，经典菜肴如罗汉时蔬卷、三丝鱼卷等。双向卷是指从外皮的两端分别压紧馅料，向中间翻卷，适用的烹调方法主要是蒸，经典菜肴有如意蛋卷、蛋黄鳗鱼卷等。

"卷"制的片形原料还可以在热菜或冷菜中做鸟类造型菜的尾巴，如凤凰戏牡丹、孔雀开屏等菜肴就采用了"卷"制法。

三、"卷"制法配花式菜的原料选用

"卷"制法配花式菜的主料有蛋皮、千张、网油、鸭皮、鱼片、豆腐皮、卷

心菜叶、青菜叶、紫菜片、竹笋片、白萝卜片、黄瓜皮、冬瓜片等。

"卷"制法配花式菜的辅料有火腿、鸡胸肉、竹笋、香菇、虾茸、鱼茸、肉滑、蟹粉、菜泥、咸蛋黄、豌豆泥等。

四、"卷"制法配花式菜的运用实例

"卷"制法配花式菜的运用实例如下：网油鸡卷、卷筒鸭、三丝鳜鱼卷、兰花竹笋卷、萝卜脆卷、双色蛋卷、如意虾卷、翡翠白玉卷、菌菇鲈鱼卷、黄金豆酥卷等。

操作技能

三丝鳜鱼卷

操作准备

工具准备

（1）片刀1把。

（2）塑料砧板1个（建议长600 mm，宽400 mm，厚30 mm）。

（3）不锈钢长方盘1个（建议长400 mm，宽300 mm）。

（4）不锈钢圆碗1个（建议直径200 mm）。

（5）椭圆形盘1个。

（6）漏勺1把。

原料准备

重约500 g的鲜活鳜鱼1条，长60 mm的竹笋肉50 g，长60 mm的熟火腿20 g，直径60 mm的水发香菇15 g，鸡蛋60 g，葱姜汁、料酒、盐、白糖、味精、白胡椒粉、淀粉和精制油适量。

操作步骤

步骤1 将鳜鱼宰杀后去鳞、去鳃、去内脏，用清水冲洗干净；运用整鱼出骨的方法，留头、留尾、出骨，取出两片鳜鱼肉，顺着鱼身的长度，采用拉刀批的方法，将鳜鱼肉批

成长60 mm、厚1.5 mm的夹刀片，如图7-33所示；将鳜鱼片放入不锈钢圆碗里，先加入盐搅拌至起劲，再加入蛋白、葱姜汁、料酒、白胡椒粉和淀粉搅拌至上劲，最后加少许精制油封面。

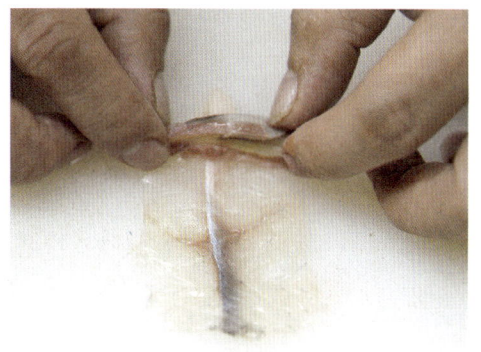

图7-34 在鳜鱼片最里端放上馅料

图7-33 批出的鳜鱼片及辅料

步骤2 采用直切的刀法，将水发香菇、熟火腿、竹笋肉加工成长60 mm、粗1 mm的细丝，分别放入沸水锅中焯一下，捞出冲去浮沫后加入调料拌成馅料；将鳜鱼片带皮的一面朝上，顺长放在砧板上，在最里端放上香菇丝、火腿丝和笋丝，从里往外卷起鳜鱼片，如图7-34和图7-35所示。

步骤3 卷成圆柱形鱼卷（见图7-36）后，用刀将其两端切齐，将有接缝的一面向下，整齐地摆在椭圆形盘内，如图7-37所示。

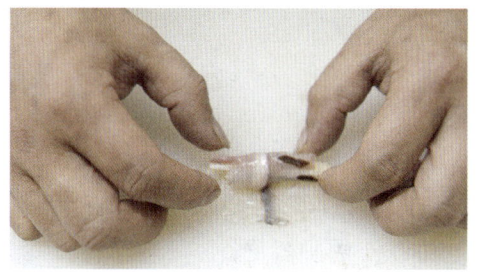

图7-35 从里往外卷起鳜鱼片

图7-36 圆柱形鱼卷

图7-37 将三丝鳜鱼卷半成品装盘

操作关键

1. 选用重约 500 g 的鲜活鳜鱼，水发香菇、熟火腿和竹笋肉应新鲜、无异味。
2. 要将鳜鱼的骨、刺清除干净。
3. 将鳜鱼片上浆时，投料量要准确，味道要适中。
4. 水发香菇、熟火腿和竹笋肉要加工成长短一致、粗细均匀的细丝。

质量指标

1. 辅料不少于3种，色彩鲜艳，搭配和谐，突出时令性。
2. 三丝鳜鱼卷半成品造型美观、大小均匀，长约60 mm，直径约30 mm。
3. 三丝鳜鱼卷半成品形态饱满，完整无破损。
4. 三丝鳜鱼卷半成品的数量一般为8个。

兰花竹笋卷

操作准备

工具准备

（1）片刀和斜口雕刻刀1把。
（2）塑料砧板1个（建议长600 mm，宽400 mm，厚30 mm）。
（3）不锈钢长方盘1个（建议长400 mm，宽300 mm）。
（4）不锈钢圆碗1个（建议直径200 mm）。
（5）圆盘1个。
（6）漏勺1把。

原料准备

竹笋肉 500 g，苦菊、胡萝卜和河虾仁各 50 g，芦笋尖 8 支，鸡蛋 60 g，葱、姜、料酒、白胡椒粉、盐、味精、白糖、味精和淀粉适量。

操作步骤

步骤 1 将竹笋肉洗净后用冷水锅焯熟，再切成 8 个 60 mm 长的段，采用滚料批的刀法，将竹笋段批成厚 1.5 mm 的薄片，如图 7-38 所示；将苦菊清洗干净，切成 60 mm 长的段；将芦笋尖切成 70 mm 长的段，在芦笋尖中央剞出十字形刀纹，再放入沸水锅焯一下，取出冲净浮沫；将胡萝卜清洗后切成长 60 mm、粗 1.5 mm 的细丝；将河虾仁制成虾滑馅料，放在不锈钢圆碗里。

图 7-38 批出竹笋片

步骤 2 将竹笋片横着平放在砧板上，在一端摆上苦菊、胡萝卜丝和芦笋尖，如图 7-39 所示，从一端向另一端卷起。

图 7-39 在竹笋片的一端摆上辅料

步骤 3 左手捏住竹笋卷，右手用斜口雕刻刀将虾滑馅料"酿"入，"酿"至五分满即可，再整理出中间长、外圈短的层次，如图 7-40 所示，形成兰花竹笋卷半成品。

图 7-40 将竹笋卷整理出层次

步骤 4 将兰花竹笋卷半成品有接缝的一面向下，整齐地摆放在圆盘上，如图 7-41 所示。

原料加工与配菜

图 7-41　将兰花竹笋卷半成品装盘

操作关键

1. 选用肉质厚实的竹笋，苦菊、芦笋尖、胡萝卜、河虾仁等辅料应新鲜、无异味。

2. 竹笋肉要先用冷水锅焯熟，再加工成长短一致、粗细均匀的段，然后采用滚料批的刀法，从底部入刀批出竹笋片；竹笋片的大小、厚薄要一致。

3. 将河虾仁制成虾滑馅料时，投料量要准确，味道要适中。

4. 在竹笋卷中"酿"入虾滑馅料时，一般"酿"至五分满。

质量指标

1. 辅料不少于3种，突出时令性。

2. 兰花竹笋卷半成品造型美观，粗细和长短均匀。

3. 兰花竹笋卷半成品形态饱满，完整无破损，有立体感和层次感。

4. 兰花竹笋卷半成品的数量一般为8个。

翡翠白玉卷

操作准备

工具准备

（1）片刀 1 把。

（2）塑料砧板 1 个（建议长 600 mm，宽 400 mm，厚 30 mm）。

（3）不锈钢长方盘 1 个（建议长 400 mm，宽 300 mm）。

（4）不锈钢圆碗 1 个（建议直径 200 mm）。

（5）椭圆形盘 1 个。

（6）漏勺 1 把。

原料准备

白萝卜 500 g，芦笋尖 16 支，芫荽 20 g，鸡里脊 50 g，新鲜松茸 20 g，新鲜虫草花 10 g，鸡蛋 60 g，葱姜汁、料酒、盐、白胡椒粉、白糖、精制油、味精和淀粉适量。

操作步骤

步骤 1 将白萝卜去皮后洗净，切成长 80 mm、宽 60 mm、厚 1.5 mm 的长方片（共 8 片），将白萝卜片先用沸水锅焯一下，再用冷水冲凉；将芫荽洗干净；将鸡里脊去筋、洗净，制成鸡滑馅料；将芦笋尖切成长 60 mm 的段，用沸水锅焯一下；将松茸和虫草花洗净，分别放入沸水锅焯一下。经过初步加工的翡翠白玉卷部分原料如图 7-42 所示。

图 7-42　经过初步加工的翡翠白玉卷部分原料

步骤 2 将松茸切成小片，与虫草花一起，加盐、白胡椒粉、白糖、精制油拌成蘑菇馅料；将白萝卜片竖着放在砧板上，在里侧留 20 mm，先摆几片芫荽叶，再抹上鸡滑馅料、放上蘑菇馅料，然后在其两侧各摆一根芦笋尖，最后再摆几片芫荽叶；将馅料定位，挤压成长 60 mm、高 20 mm 的块状，如图 7-43 所示。上，如图 7-45 所示。

图 7-44　翡翠白玉卷半成品

图 7-43　馅料的定位

步骤 3　用白萝卜片卷住馅料，将其卷成直径 30 mm 的圆柱形，形成翡翠白玉卷半成品（见图 7-44）。

步骤 4　将翡翠白玉卷半成品有接缝的一面向下，整齐地摆放在椭圆形盘

图 7-45　将翡翠白玉卷半成品装盘

> **操作关键**
>
> 1. 选用新鲜、肉质厚实的白萝卜和鸡里脊，芦笋尖要选择直径小于 8 mm 的，松茸、虫草花、芫荽要新鲜、色彩鲜艳。
> 2. 白萝卜的皮要去除干净，白萝卜片要大小一致、厚薄均匀。
> 3. 芦笋尖要长短一致。
> 4. 调制蘑菇馅料时，投料量要准确，味道要适中。
> 5. 卷制翡翠白玉卷时，要保持长短一致、粗细均匀。

质量指标

1. 搭配的辅料不少于4种，突出时令性。
2. 翡翠白玉卷半成品色彩鲜艳，搭配和谐。
3. 翡翠白玉卷半成品造型美观、大小均匀，长60 mm，直径30 mm。
4. 翡翠白玉卷半成品形态饱满，完整无破损。
5. 翡翠白玉卷半成品的数量一般为8个。

菌菇鲈鱼卷

操作准备

工具准备

（1）片刀1把。
（2）塑料砧板1个（建议长600 mm，宽400 mm，厚30 mm）。
（3）不锈钢长方盘1个（建议长400 mm，宽300 mm）。
（4）不锈钢圆碗2个（建议直径200 mm）。
（5）椭圆形盘1个。
（6）漏勺1把。

原料准备

鲜活鲈鱼500 g，虾仁50 g，海鲜菇100 g，干香菇和干姬松茸各25 g，新鲜虫草花和香葱各10 g，葱姜汁、料酒、盐、白胡椒粉、白糖、味精、精制油和淀粉适量。

操作步骤

步骤1 将鲈鱼去鳞、去鳃、去内脏后洗净；用片刀劈下鱼头后修圆润，再劈下鱼尾，如图7-46所示；运用整鱼出骨的方法出脊椎骨、肋骨，取下鲈鱼肉。

步骤2 采用拉刀批的刀法，将鲈鱼肉批成长80 mm、厚1.5 mm的夹刀片，将鲈鱼片放入不锈钢圆碗里，运用蛋白浆的上浆方法浆好；将虾仁制成虾滑；将海鲜菇洗净，先用沸水锅焯一下，再用冷水冲凉；将干香菇和干姬松茸先用冷水浸泡至表面回软无硬茬，再取出清洗干净；将香葱叶取下、洗净，用沸水烫一下。经过初步加工的菌菇鲈鱼卷部分原料如图7-47所示。

料；将鲈鱼片带皮的一面向上，顺长放在砧板上，在鲈鱼片里端抹上虾滑馅料、放上蘑菇馅料，如图7-48所示；用手由里向外将其卷成长80 mm、直径30 mm的圆柱形鲈鱼卷，在中间用香葱叶绕一周扎成结，形成菌菇鲈鱼卷半成品。

图7-46　劈下鲈鱼的鱼头和鱼尾

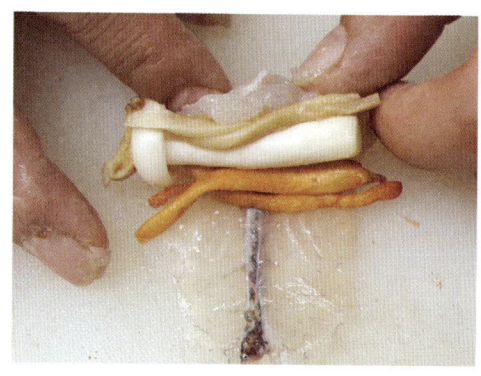

图7-48　馅料的定位

步骤4　装盘时先摆好鱼头、鱼尾，在鱼头、鱼尾中间用脊椎骨连接，将菌菇鲈鱼卷半成品有接缝的一面向下，放在脊椎骨的两侧，如图7-49所示。

图7-47　经过初步加工的菌菇鲈鱼卷部分原料

步骤3　将香菇和姬松茸切成小片，分别放入沸水锅焯一下，再与海鲜菇、虫草花一起，加盐、白胡椒粉、白糖、味精、精制油拌一下，制成蘑菇馅

图7-49　将菌菇鲈鱼卷半成品装盘

操作关键

1. 选用新鲜、肉质厚实的鲈鱼，虾仁、海鲜菇、虫草花应新鲜，干香菇和干姬松茸应清香、无异味，香葱以碧绿色为佳。

2. 鲈鱼片要大小一致、厚薄均匀。

3. 干香菇和干姬松茸要先用冷水浸泡至表面回软、无硬茬，切得的片要大小相等、厚薄均匀。

4. 调制蘑菇馅料时，投料量要准确，味道要适中。

质量指标

1. 搭配的辅料不少于4种，突出时令性。

2. 菌菇鲈鱼卷半成品色彩鲜艳，搭配和谐。

3. 菌菇鲈鱼卷半成品造型美观、大小均匀，长80 mm，直径30 mm。

4. 菌菇鲈鱼卷半成品形态饱满，完整无破损。

5. 菌菇鲈鱼卷半成品的数量至少为8个。

黄金豆酥卷

操作准备

工具准备

（1）片刀1把。

（2）塑料砧板1个（建议长600 mm，宽400 mm，厚30 mm）。

（3）不锈钢圆碗2个（建议直径200 mm）。

（4）长柄不锈钢调羹1把。

（5）圆盘1个。

原料准备

草鸡蛋 250 g，青豆 500 g，咸蛋黄 300 g，精制油、猪油、盐、白胡椒粉、白糖和淀粉适量。

操作步骤

步骤1 将鸡蛋壳敲破，让蛋液流出，打散蛋黄和蛋白，加少许淀粉搅拌均匀，制作成直径 200 mm 左右的鸡蛋皮 3 张；将青豆煮熟后放入搅拌机制成泥状，将锅烧热，先加入适量的猪油滑锅，再加入青豆泥、盐、白胡椒粉和白糖，炒成青豆泥馅料；将咸蛋黄上笼蒸熟，用刀撇成泥，制成咸蛋黄馅料。青豆泥馅料、鸡蛋皮和咸蛋黄馅料如图 7-50 所示。

图 7-50 青豆泥馅料、鸡蛋皮和咸蛋黄馅料

步骤2 将鸡蛋皮平放在砧板上，在鸡蛋皮上均匀地撒少许淀粉，用长柄不锈钢调羹将适量的青豆泥馅料盛放在鸡蛋皮的一端，如图 7-51 所示。

图 7-51 青豆泥馅料的定位

步骤3 将适量的咸蛋黄馅料用手搓成直径 10 mm、长 150 mm 的长条形，摆在青豆泥馅料上方，如图 7-52 所示，沿此端将鸡蛋皮和馅料卷成直径 30 mm 左右的豆酥卷。

图 7-52 咸蛋黄馅料的定位

步骤4 将豆酥卷横放在砧板上，使刀身与其边端成 45°，采用直切的刀法，将其切分成长直径 40 mm、短直径 30 mm、厚 10 mm 的椭圆形小卷（即黄金豆酥卷半成品），如图 7-53 所示。

地摆放在圆盘上，如图 7-54 所示。

图 7-53 切分成黄金豆酥卷半成品

图 7-54 将黄金豆酥卷半成品装盘

步骤 5 将黄金豆酥卷半成品整齐

操作关键

1. 选用新鲜、无异味的草鸡蛋、咸蛋黄，青豆应新鲜、色彩鲜艳。
2. 蛋黄和蛋白要搅拌均匀，蛋皮要大小相近、厚薄一致。
3. 青豆泥馅料要细腻、无颗粒，投料量要准确。
4. 咸蛋黄馅料要搓成粗细均匀的长条形。

质量指标

1. 辅料搭配和谐、色彩鲜艳。

2. 黄金豆酥卷半成品造型美观，大小均匀，长直径 40 mm，短直径 30 mm，厚 10 mm。

3. 黄金豆酥卷半成品形态饱满，完整无破损。

4. 黄金豆酥卷半成品的数量至少为 8 个。

任务 4 "包"制法配花式菜

任务目标

1. 能描述"包"制法配花式菜的概念
2. 能描述"包"制法配花式菜的特点
3. 能选择适用于"包"制法的原料
4. 能描述"包"制法配花式菜的运用实例
5. 能用"包"制法配花式菜

知识准备

一、"包"制法配花式菜的概念

"包"是指将主料加工成丝、条、丁、粒、片等形状,拌入调料后,用大小、形状相同的薄干张、荷叶、豆腐皮等包裹材料将主料包入,形成长方形、正方形、猫耳形、球形等形状的半成品的配菜方法。"包"制法配得的花式菜多采用煮、炸、蒸等烹调方法。

二、"包"制法配花式菜的特点

"包"制法配得的花式菜在色彩上具有绚丽多彩的特点,如牛排的红、荷叶的绿、豆腐皮的黄、鲜虾的嫣红;在造型上具有赏心悦目的特点,如小巧玲珑的纸包鸡,有美好寓意的千张五福袋,栩栩如生的鲜虾金鱼饺、猫耳响铃、里脊凤尾饺等。

三、"包"制法配花式菜的原料选用

"包"制法配花式菜的主料有火腿、猪里脊、牛排、鸡胸肉、鸽肉、竹笋、香菇、虾仁、鱼肉粒、蟹粉、海参等。

"包"制法配花式菜的包裹材料有薄干张、荷叶、豆腐皮、鸡蛋皮、糯米纸、网油、鱼片、春卷皮等。

四、"包"制法配花式菜的运用实例

"包"制法配花式菜的运用实例如下:纸包鸡、纸包鱼、鲜虾金鱼饺、荷叶粉蒸肉、千张五福袋、佛门素响铃、脆皮沙律虾、里脊凤尾饺、响铃海参、荷叶蒸湖鸭等。

操作技能

荷叶粉蒸肉

操作准备

工具准备

（1）片刀1把。

（2）塑料砧板1个（建议长600 mm，宽400 mm，厚30 mm）。

（3）不锈钢长方盘1个（建议长400 mm，宽300 mm）。

（4）不锈钢圆碗2个（建议直径200 mm）。

（5）方盘1个。

（6）手勺1把。

原料准备

带皮五花肉500 g，鲜荷叶4张，糯米和粳米各50 g，葱、姜、花椒、丁香、桂皮、八角、精制油、料酒、酱油、甜面酱、盐、白胡椒粉、白糖适量。

操作步骤

步骤1 将锅烧热，将糯米、粳米、花椒、丁香、桂皮、八角下锅干炒，如果有点黏锅，可加少许精制油，炒至糯米和粳米变成金黄色时出锅。炒好的糯米和粳米以及部分原料如图7-55所示，待糯米和粳米冷却后磨成粉料。

图7-55 炒好的糯米和粳米以及部分原料

步骤2 用片刀刮去猪皮上的细毛，用清水洗净，切成长80 mm、厚

20 mm 的长方块，如图 7-56 所示，共切 8 块（每块重约 60 g），在每块肉的中间剖一刀。

图 7-56　将带皮五花肉切块

步骤 3　将肉块放入不锈钢圆碗中，加入盐与白胡椒粉搅匀，再加入葱段、姜丝、料酒、酱油、甜面酱、白糖，拌匀后腌渍 1 h，使肉块入味；将腌好的肉块与粉料混合后拌匀，如图 7-57 所示。

图 7-57　将腌好的肉块与粉料混合后拌匀

步骤 4　将鲜荷叶用热水烫软，用片刀修成边长 150 mm 的正方形，用正方形荷叶将肉块包好，如图 7-58 所示，形成长 100 mm、宽 30 mm、厚 12 mm 的长方块。

步骤 5　将荷叶粉蒸肉半成品收口的一面向下，整齐地摆放在方盘上，如图 7-59 所示。

a）

b）

c）

图 7-58　用正方形荷叶将肉块包好

a）第一步　b）第二步　c）第三步

图 7-59　将荷叶粉蒸肉半成品装盘

操作关键

1. 选用新鲜、无异味、皮肉层次清晰的带皮五花肉；荷叶以碧绿色为佳，要有清香味。

2. 猪皮上的毛要处理干净，要在每块肉的中间剞一刀，但不要剞破猪皮。

3. 在炒料前，要将丁香、桂皮、八角用手掰成小块。

4. 炒糯米和粳米时，要控制好火候，不能炒焦，并待其冷却后磨成粉料，注意不宜磨太细。

5. 腌渍肉块时，投料要适量；将肉块与粉料混合时，要保证肉块的表层和中间刀口处都均匀粘上粉料。

质量指标

1. 荷叶粉蒸肉半成品大小均匀，长 100 mm，宽 30 mm，厚 12 mm。

2. 荷叶粉蒸肉半成品形态饱满，完整无破损，有荷叶的清香。

3. 荷叶粉蒸肉半成品的数量一般为 8 个。

千张五福袋

操作准备

工具准备

（1）片刀1把。

（2）塑料砧板1个（建议长600 mm，宽400 mm，厚30 mm）。

（3）不锈钢长方盘1个（建议长400 mm，宽300 mm）。

（4）不锈钢圆碗1个（建议直径200 mm）。

（5）瓷质小汤匙1个。

（6）不锈钢剪刀1把。

（7）椭圆形盘1个。

（8）漏勺1把。

原料准备

薄千张4张，长茎芫荽25 g，鸡胸肉50 g，虾仁50 g，熟火腿25 g，水发香菇25 g，冬笋肉25 g，青豆25 g，葱姜汁、蚝油、盐、味精、白胡椒粉、白糖和淀粉适量。

操作步骤

步骤1 将长茎芫荽去根和黄叶后洗净，用热水烫一下；将虾仁去虾线后洗净；将鸡胸肉去皮后切成6 mm见方的粒，将熟火腿、水发香菇、冬笋肉也切成6 mm见方的粒，再与豌豆分别放入沸水锅里焯一下，沥干水分。千张五福袋的部分原料如图7-60所示。

图7-60　千张五福袋的部分原料

步骤2 将薄千张用片刀切成边长150 mm的正方形，再对折3次形成三角形，如图7-61所示；用不锈钢剪刀将三角形薄千张的边缘修出圆弧形，展开后形成直径150 mm的有荷叶形边缘的圆形薄千张，如图7-62所示。

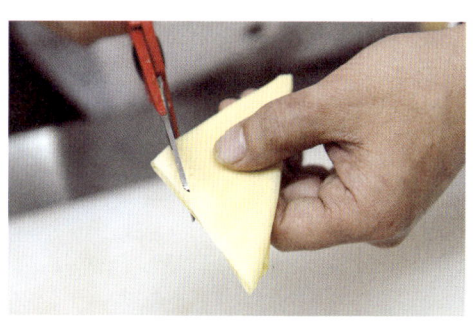

图 7-61　将薄千张对折 3 次形成三角形

图 7-62　展开有荷叶形边缘的圆形薄千张

步骤 3　在虾仁、鸡肉粒、火腿粒、香菇粒、冬笋粒、豌豆中加入适量的葱姜汁、蚝油、盐、味精、白胡椒粉、白糖和淀粉，拌制成馅料，如图 7-63 所示。

图 7-63　拌制馅料

步骤 4　将薄千张放在砧板上，撒少许淀粉，用瓷质小汤匙盛适量馅料放在薄千张的中心位置，如图 7-64 所示；用手指把薄千张的边缘向上提，捏褶包起，形成底部直径 40 mm、高 50 mm 的有 8 个褶以上的"袋子"，用芫荽茎在距"袋子"顶端 20 mm 处扎紧，如图 7-65 所示。

图 7-64　在薄千张的中心位置放适量馅料

图 7-65　用芫荽茎扎紧"袋子"

步骤 5　将千张五福袋半成品摆放在椭圆形盘中，如图 7-66 所示。

/ 原料加工与配菜

图 7-66　将千张五福袋半成品装盘

操作关键

1. 选用新鲜、有韧性、无异味的薄千张；鸡胸肉、虾仁、熟火腿、香菇、冬笋、青豆应质地新鲜，色彩艳丽、自然。

2. 薄千张不要直接用水清洗，以防破损，要修剪得大小均匀，直径在 150 mm 左右。

3. 鸡胸肉、熟火腿、水发香菇、冬笋肉要切成 6 mm 见方的粒，大小均匀。

4. 拌制馅料时，投料量要准确，口味要适中。

5. "袋子"的大小和高低要均匀，褶的间距要相等，用芫荽茎扎紧。

质量指标

1. 6 种辅料色、形、味搭配和谐，有营养，突出时令性。

2. 千张五福袋半成品形态完整、美观，大小均匀，高 50 mm，底部直径是 40 mm。

3. 千张五福袋半成品的褶不少于 8 个，间距相等，有立体感。

4. 千张五福袋半成品的数量一般为 8 个。

佛门素响铃

操作准备

工具准备

（1）片刀 1 把。

（2）塑料砧板 1 个（建议长 600 mm，宽 400 mm，厚 30 mm）。

（3）不锈钢圆碗 1 个（建议直径 200 mm）。

（4）瓷质小汤匙 1 把。

（5）椭圆形盘 1 个。

（6）干净的湿布 1 块。

（7）漏勺 1 把。

（8）手勺 1 把。

原料准备

豆腐皮 8 张，鸡蛋 400 g，土豆（去皮）500 g，胡萝卜（去皮）100 g，水发香菇 25 g，竹笋肉 25 g，姜末 10 g，花生油、白胡椒粉、米醋、白糖、盐和味精适量。佛门素响铃的部分原料如图 7-67 所示。

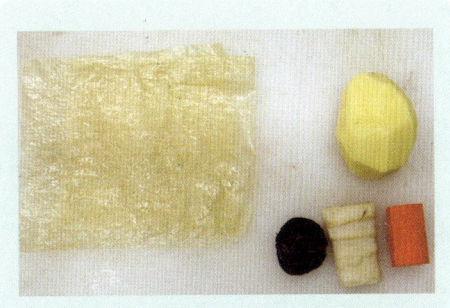

图 7-67 佛门素响铃的部分原料

操作步骤

步骤 1 将豆腐皮放在砧板上，用干净的湿布擦拭，用片刀修去硬边，并加工成边长 200 mm 的正方形；将土豆和胡萝卜洗净、蒸熟，用刀背将土豆揿成泥，用刀将胡萝卜切成 4 mm 见方的粒；将水发香菇与竹笋肉洗净，放入沸水锅中焯一下，再加工成长 40 mm、粗 1.5 mm 的丝。

步骤 2 磕破鸡蛋，使蛋液流入不锈钢圆碗内，搅匀；将土豆泥、胡萝卜粒、香菇丝、竹笋丝和姜末放入蛋液里拌匀；用旺火将锅烧热，加入适量的花生油，将调制好的蛋液倒入锅中，加入白胡椒粉、米醋、白糖、盐和味精，调制成"素蟹粉"馅料；用瓷质小汤匙盛适量"素蟹粉"馅料放在豆腐皮的一端，如图7-68所示，将其包成长 60 mm、宽 30 mm、高 20 mm 的长方块（即佛门素响铃半成品）。

步骤3 将佛门素响铃半成品有接缝的一面向下，整齐地摆放在椭圆形盘中，如图7-69所示。

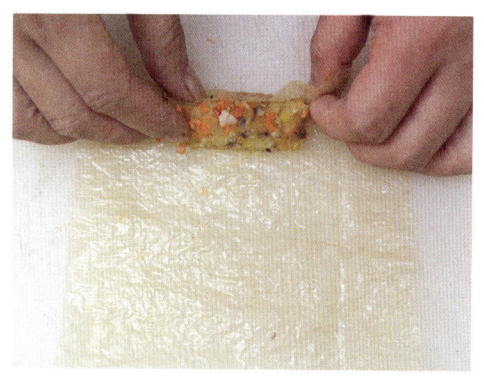

图7-68 "素蟹粉"馅料的定位

图7-69 将佛门素响铃半成品装盘

操作关键

1. 选用新鲜、无异味、完整无破损的豆腐皮和新鲜、不发青、无芽的土豆，鸡蛋、胡萝卜、水发香菇、竹笋肉等辅料应新鲜、无异味。

2. 豆腐皮不要直接用水清洗，以防破损。

3. 土豆泥要细腻，没有小块或小颗粒；胡萝卜粒要大小均匀。

4. 香菇丝和竹笋丝要长短、粗细一致。

5. 炒"素蟹粉"馅料时，要控制好火候，不能炒焦，投料量要准确，味道要适中。

质量指标

1 佛门素响铃半成品大小均匀，长 60 mm，宽 30 mm，高 20 mm。

2 佛门素响铃半成品形态饱满，完整无破损。

3 佛门素响铃半成品的数量一般为 8 个。

脆皮沙律虾

操作准备

工具准备

（1）片刀 1 把。

（2）塑料砧板 1 个（建议长 600 mm，宽 400 mm，厚 30 mm）。

（3）不锈钢长方盘 1 个（建议长 400 mm，宽 300 mm）。

（4）不锈钢圆碗 1 个（建议直径 200 mm）。

（5）椭圆形盘 1 个。

原料准备

方形春卷皮 8 张，基围虾 400 g（约 30 只），柠檬 30 g（半个），鸡蛋 60 g，葱、姜各 5 g，料酒、水、精制油、盐、白糖、味精、胡椒粉、淀粉、色拉酱、芥末酱和炼乳适量。

操作步骤

步骤 1 将葱、姜洗净，加少许水挤压取汁；取 8 只基围虾去头、去壳、留尾，加工成凤尾虾，洗净；将其余的基围虾加工成虾仁放在不锈钢圆碗里，加入少许盐搅拌均匀后腌渍 10 min，再用水冲洗干净，用片刀从虾仁的背脊中间剖开，剔去虾线，加工成 5 mm 见方的粒放在不锈钢圆碗里，再加入葱姜汁、料酒、水、精制油、盐、白糖、味精、胡椒粉、淀粉搅拌均匀,采用蛋白浆的上浆方法,使虾粒有黏性、上劲。脆皮沙律虾的部分原料如图7-70所示。

图 7-70　脆皮沙律虾的部分原料

步骤2　在浆好的虾粒中加入适量的色拉酱、芥末酱和炼乳,将半个柠檬顺长切分成3块,挤出柠檬汁滴入虾粒中,如图7-71所示;搅拌至均匀,制成虾粒馅料,如图7-72所示。

图 7-71　挤出柠檬汁滴入虾粒中

图 7-72　制成虾粒馅料

步骤3　将方形春卷皮放在砧墩上,将凤尾虾蘸适量虾粒馅料,放在春卷皮的右下方,如图7-73所示;使25 mm虾尾露在春卷皮外面,先卷起,如图7-74所示;再左右对折,如图7-75所示;最后收口,如图7-76所示,包成长60 mm、宽25 mm、高15 mm的长方块(即脆皮沙律虾半成品)。

图 7-73　凤尾虾的定位

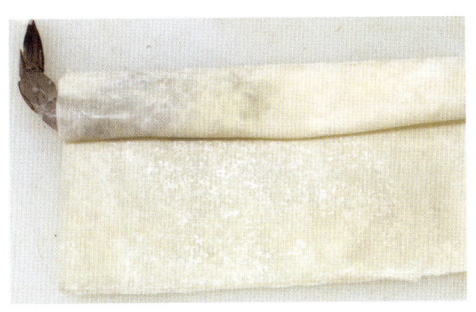

图 7-74 先卷起

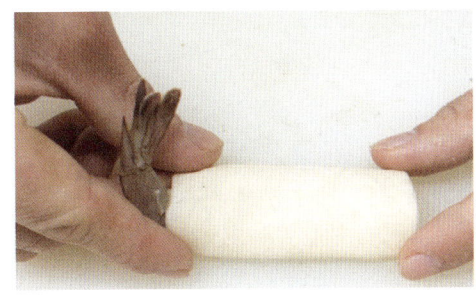

图 7-76 最后收口

图 7-75 再左右对折

步骤 4 将脆皮沙律虾半成品的虾尾朝一侧，整齐地摆放在椭圆形盘中，如图 7-77 所示。

图 7-77 将脆皮沙律虾半成品装盘

> **操作关键**
>
> 1. 选用新鲜、无异味、完整无破损的春卷皮，鲜活的基围虾，以及新鲜、无苦味的柠檬。
>
> 2. 剥基围虾的壳时要细致，不要留下细小的虾壳，但是凤尾虾需要保留一节尾壳，虾线也要剔净。
>
> 3. 凤尾虾要加盐腌一下，之后用水冲洗干净。
>
> 4. 调制虾粒馅料时，加入的调料要准确、适量。
>
> 5. 包脆皮沙律虾半成品时，要保持其形状相似、大小均匀，虾尾要向上翘，收口处要紧。

> 质量指标

1 脆皮沙律虾半成品大小均匀，长 60 mm，宽 25 mm，高 15 mm。

2 脆皮沙律虾半成品形态饱满，完整无破损。

3 脆皮沙律虾半成品的数量一般为 8 个。

里脊凤尾饺

操作准备

工具准备

（1）片刀 1 把。

（2）塑料砧板 1 个（建议长 600 mm，宽 400 mm，厚 30 mm）。

（3）不锈钢长方盘 1 个（建议长 400 mm，宽 300 mm）。

（4）不锈钢圆碗 1 个（建议直径 200 mm）。

（5）椭圆形盘 1 个。

原料准备

猪肉末 200 g，基围虾 150 g（约 8 个），面包糠 100 g，鸡蛋 60 g，葱、姜、老抽、料酒、水、精制油、盐、白糖、味精、胡椒粉、淀粉适量。

操作步骤

步骤 1 将葱、姜洗净，加少许水挤压取汁；将猪肉末与葱姜汁、全蛋液、料酒、水、精制油、盐、白糖、味精、胡椒粉、淀粉等搅拌均匀，采用全蛋浆的上浆方法，搅拌至有黏性、上劲，制成馅料；将基围虾去头、去壳（保留一节虾壳）、留虾尾，用刀从虾的背脊中间剖开，剔去虾线，加工成凤尾虾，用少许盐腌渍 10 min，冲洗干净。里脊凤尾饺的部分原料如图 7-78 所示。

步骤 2 取凤尾虾一只，用馅料包裹凤尾虾的上端，如图 7-79 所示。

项目 7 配花式菜

图 7-78 里脊凤尾饺的部分原料

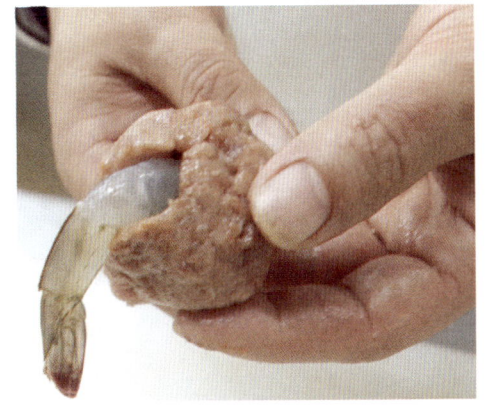

图 7-80 球形馅料上端要露出虾尾和一节虾壳

步骤 4 将面包糠倒入不锈钢长方盘中，将里脊凤尾饺逐个放在不锈钢长方盘里的面包糠上滚一遍，使面包糠均匀地包裹在里脊凤尾饺上，将里脊凤尾饺半成品整齐地摆放在椭圆形盘中，如图 7-81 所示。

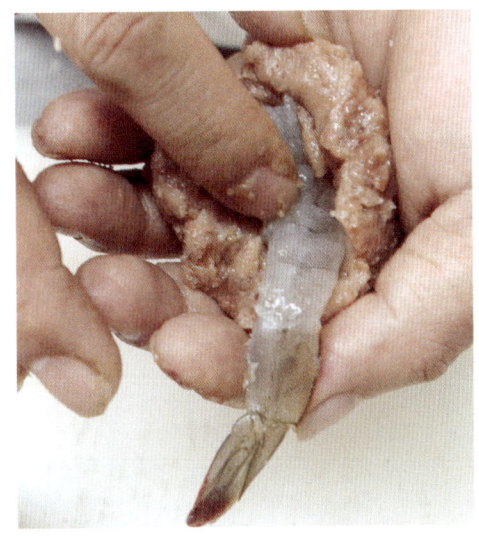

图 7-79 用馅料包裹凤尾虾的上端

步骤 3 用大拇指、食指和虎口将馅料向中间收口，形成直径 40 mm 的球形馅料（作为底座），球形馅料上端要露出虾尾和一节虾壳，如图 7-80 所示。采用同样的方法制作其余的凤尾虾。

图 7-81 将里脊凤尾饺半成品装盘

操作关键

1. 要用新鲜、无异味、无腐烂的猪里脊制成肉末,鸡蛋、葱、姜应新鲜,基围虾应鲜活、大小均匀。
2. 加工基围虾时,不要弄断虾尾,要保持外形完整。
3. 拌制猪肉末时,投料量要准确,味道要适中,不要太咸。
4. 面包糠要均匀地包裹在里脊凤尾饺上。

质量指标

1. 里脊凤尾饺半成品大小均匀,底座直径 40 mm,虾尾和一节虾壳外露 20 mm。

2. 里脊凤尾饺半成品形态饱满,完整无破损。

3. 里脊凤尾饺半成品的数量一般为 8 个。

练习与检测

一、判断题（将判断结果填入括号中，正确的填"√"，错误的填"×"）

1. 配菜是指根据菜肴的品种和质量要求，把经过刀工处理的两种或两种以上原料（包括主料和辅料）适当搭配，使之成为一道菜肴（或一桌菜肴）完整原料的过程。（　　）

2. 配花式菜的首要原则是一道菜肴中原料的大小、老嫩、厚薄和形态要相近。（　　）

3. 在色彩的配合上，一般是色彩相差较大的原料配在一起，否则很不协调，不能给人以美的感觉。（　　）

4. 配菜厨师要熟悉原料知识，了解全国不同菜系的特点，但不一定精通刀工技术。（　　）

5. 菜肴主料、辅料色彩搭配的一般原则是辅料衬托主料。（　　）

二、单项选择题（选择一个正确的答案，将相应的字母填入题内的括号中）

1. 配花式菜的操作关键是（　　）。

A. 在配制花式菜时，要选择高档的烹饪原料

B. 原料的加工方法要科学，尽量保持其原有的营养成分

C. 要熟练掌握配花式菜的刀法，能突出花式菜的工艺

D. 要掌握复杂的烹调方法，按照配菜环节配花式菜

2. 营养合理的基本原则不包括（　　）。

A. 供给平衡

B. 食品对人体无害

C. 合理烹调加工

D. 注重多样化

3. 按菜单要求配菜的原则是（　　）。

A. 按下单顺序　　　　　　　B. 区分轻重缓急

C. 先主料后辅料　　　　　　D. 先蔬菜后荤菜

4. （　　）是中式菜肴的传统配菜法，无论从营养学还是烹饪学角度来看，都是有科学道理的。

  A. 荤素搭配　　B. 同质相配　　C. 贵多贱少　　D. 异质搭配

5. 关于异色菜，下列说法错误的是（　　）。

  A. 主料与辅料的色彩有多种　　B. 主料与辅料的色彩差异明显

  C. 采用相近色的原料　　D. 采用对比色的原料

三、多项选择题（选择两个或两个以上正确的答案，将相应的字母填入题内的括号中）

1. 配花式菜时，厨师应主要考虑的因素有（　　）。

  A. 原料的选择与确定　　B. 出菜数量和成本

  C. 刀工与火候　　D. 营养价值

  E. 创新

2. 为了确保原料符合卫生要求，配菜时应再次检查和清除（　　）。

  A. 烂叶　　B. 鱼鳞和鱼鳃

  C. 有害健康的淋巴结　　D. 土豆的芽眼

  E. 砂石、金属等杂物

3. 符合营养合理要求的膳食一般称为平衡膳食，其基本要求是（　　）。

  A. 膳食中的热量和各种营养素必须满足生理和活动的需要

  B. 配合合理的饮食制度　　C. 采用适当的烹调方法制成

  D. 具有良好的口味、口感　　E. 色泽艳丽而能刺激食欲

4. 配花式菜对卫生的基本要求是（　　）。

  A. 切配禽畜肉、水产品、蔬菜等时必须分开

  B. 刀具、砧板专用，专用砧板要有明确、显眼的标识

  C. 切配好的禽畜肉、水产品、蔬菜等如果不能及时使用，应放入冰箱保鲜，冰箱要定期清洗、消毒

  D. 禽畜肉、水产品、蔬菜等每隔2h应重新清洗方能配菜

  E. 禽畜肉、水产品、蔬菜等应一菜一摆放，盛器要有明确、显眼的标识

5. 配花式菜常用的手法有（　　）。

A. 叠、捏

B. 嵌、扣

C. 串、排

D. 扎、包

E. 卷、酿

参考答案

一、判断题

1. √　　2. √　　3. ×　　4. ×　　5. √

二、单项选择题

1. B　　2. B　　3. B　　4. A　　5. C

三、多项选择题

1. ABDE　　2. ABCDE　　3. AC　　4. ABCE　　5. ABCDE